装配式混凝土框剪结构连梁设计原理

吴 潜 李 明 徐晓霞 著

中国建筑工业出版社

图书在版编目（CIP）数据

装配式混凝土框剪结构连梁设计原理/吴潜，李明，
徐晓霞著. —北京：中国建筑工业出版社，2018.12
ISBN 978-7-112-23036-5

Ⅰ. ①装… Ⅱ. ①吴… ②李… ③徐… Ⅲ. ①装
配式混凝土结构-框架剪力墙结构-结构设计 Ⅳ.
①TU37

中国版本图书馆 CIP 数据核字（2018）第 277524 号

　　本书系统阐述了装配式混凝土结构连梁的设计原理，内容共 10 章，分别
是：绪论，基于 ABAQUS 建立的连梁有限元模型，基于 ABAQUS 现浇双连
梁力学性能分析，基于 ABAQUS 装配式双连梁力学性能分析，基于 WCOMD
连梁有限元模型的建立，基于 WCOMD 装配式连梁力学性能分析，基于
WCOMD 装配式连梁的力学性能影响因素分析，基于试验装配连梁研究，装
配连梁的试验结果分析，连梁的抗弯、抗剪简化计算式建立。

　　本书可供土木工程、地震工程等专业的科学研究人员、工程技术人员、研
究生以及高等院校的教师参考。

责任编辑：万　李
责任设计：李志立
责任校对：李欣慰

装 配 式 混 凝 土 框 剪 结 构 连 梁 设 计 原 理
吴　潜　李　明　徐晓霞　著

*

中国建筑工业出版社出版、发行（北京海淀三里河路 9 号）

各地新华书店、建筑书店经销

霸州市顺浩图文科技发展有限公司制版

廊坊市海涛印刷有限公司印刷

*

开本：787×1092 毫米　1/16　印张：8¼　字数：203 千字

2019 年 9 月第一版　　2019 年 9 月第一次印刷

定价：39.00 元

ISBN 978-7-112-23036-5

（33125）

前　言

我国的建筑大都采用现浇混凝土结构，生产效率低、环境污染重、材料能源浪费大、工程质量问题突出。现浇结构现场湿作业大，施工现场环境脏乱差，环境污染和施工扰民等现象严重，而且现浇混凝土施工中还要消耗大量的木材用于模板、临时支撑、脚手架等，并且建筑的质量和性能难以保证。采用预制装配式为核心的建筑工业化技术可以有效地降低资源和能源消耗，提高建筑整体质量，提高劳动生产力，走可持续发展的道路。

装配式混凝土结构是以预制构件为主要构件，经装配、连接、部分现浇而成的混凝土结构，具有构件生产工厂化，质量容易保证，减少模板及现场建筑工人的用量，施工进度快，湿作业少等优点，在建筑工程中具有很长的应用历史。20世纪50年代，欧洲一些国家为解决房荒问题，掀起住宅建筑工业化高潮，到20世纪60年代，扩展到美国、加拿大、日本等经济发达国家，之后，住宅工业化从数量的发展向质量提高方向过渡。1989年，在国际建筑研究与文献委员会（CIB）第11届大会上，建筑工业化的发展被列为世界建筑技术的八大发展趋势之一。

在我国20世纪80年代，由于当时标准化、工厂化生产的要求，预制混凝土产品应用较为广泛，在20世纪80年代中期达到鼎盛时期。但在进入20世纪90年代后，由于预制构件技术自身原因及现浇混凝土技术的突飞猛进，装配式混凝土结构逐步退出历史舞台。其衰退原因主要还是技术上的。而今又旧事重提，是因为时代在发展，技术在创新，特别是现代预制混凝土加工精度和质量与当年已不可同日而语，施工技术早已不是障碍。在近10年，随着技术的进步，国内开始重视装配式混凝土结构的发展，无论是在科研还是实际工程，均取得了突飞猛进的发展，预制装配式混凝土建筑迎来了发展的春天。但其设计和施工方法还存在不足，其关键技术还有待加强研究。

作者所在的课题组，在近6年，完成了国家自然科学基金面上项目"装配整体式混凝土结构体系关键技术与设计理论研究（51278312）"、科技部十二五项目下课题"装配式建筑混凝土框架-剪力墙结构关键技术研究（2011BAJ10B04）"、中华人民共和国住房和城乡建设部课题"混凝土住宅工业化关键技术研究（2012-K4-06）"等的研究，在装配式混凝土结构的剪力墙和框架柱连接、剪力墙和框架梁连接、连梁和剪力墙连接以及新型叠合板楼板的研发方面均取得了丰硕的研究成果。

连梁是剪力墙体系中重要的耗能构件，其承载力、变形、延性与耗能能力对整体结构抗震性能有重要影响，是延性剪力墙抗震的第一道防线。装配式钢筋混凝土剪力墙结构，在工程和研究中越来越受到重视。但如今对装配框架-剪力墙结构中剪力墙连梁的研究还很少，装配式连梁力学性能如何，成为土木工程师十分关注的问题。为此，本书将作者所在团队近几年的有关装配式连梁的研究成果系统整理，阐述装配式连梁的设计原理，希望能够为装配式混凝土结构的发展提供技术支持！

本书的完成，得到了沈阳建筑大学和中国石油管道局工程有限公司东北分公司和硕士研究生唐元昊、杨贺、董胜男、闫东和郭伟强的大力支持与配合，在此表示衷心的感谢！

由于作者的水平有限，书中难免存在疏漏和不妥之处，恳请读者批评指正！

目　　录

第 1 章　绪　　论

1.1　研究背景及意义

以工厂化生产的主要预制构件如混凝土柱、梁和楼板，在施工现场通过装配、连接而形成的混凝土结构称为装配式混凝土结构。装配式混凝土结构起步于 20 世纪二三十年代，在当时主要运用于建筑结构中的非结构构件，是建筑工业与产业化的一种重要形式，然后于第二次世界大战以后兴起，因为当时战后的欧洲各国面临着两大难题即劳动力不足与住房紧缺，因此这种情况就促成了预制装配式建筑结构的快速发展。到 20 世纪 60 年代，欧洲各国的"房荒"问题才由预制装配式结构技术基本解决。然后又经过了几十年的发展，到 21 世纪初期，美国、日本、欧洲各国在完善之前装配方法的基础上都已经建立了成熟的预制装配式结构体系。

在我国关于装配式混凝土建筑的施工技术研究开始于 20 世纪中期，并逐渐形成了一系列完整的装配式混凝土结构体系，装配式大板建筑结构体系、多层框架装配式结构体系、装配式单层工业厂房结构体系等是比较常用的建筑结构体系。但是，由于当时正处于装配式建筑的研究初期，装配式建筑结构在功能和物理性能上均存在着许多不足和局限，以至于我国的装配式结构的设计与施工技术的研发水平不能满足社会住房的需求以及建筑技术的发展，到 20 世纪 90 年代中期，装配式混凝土建筑已经逐渐被现浇混凝土建筑取代，导致预制混凝土结构长期处于停滞状态的根本原因在于预制结构抗震的整体性和设计施工管理的专业化水平研究不够造成的其技术经济性较差。

与此同时，装配式技术在国外，特别是欧美发达国家得到了极大的发展和应用，许多建筑物采用了这种结构形式。欧洲一直以来在积极的推行预制装配式混凝土建筑的施工设计方法的基础上，拥有了丰富的装配式建筑的施工设计经验，总结完善各种专用的预制建筑体系和一系列标准工业化的通用预制产品，最后编制了一系列预制装配式混凝土工程施工标准和设计应用手册，极大地推动了装配式混凝土结构在全世界的运用。到 20 世纪末期，工业与民用建筑、桥梁以及水利建筑等工程领域都已经开始广泛的采用装配式混凝土结构形式。在亚洲地区，日本和韩国学习并借鉴了欧美的成功装配式建筑经验，在探索进行标准化设计施工预制建筑的基础上，结合自身实际形式，在预制建筑结构体系的抗震以及隔震方面取得了重大突破。其中 2008 年东京建成的两栋东京塔最具有代表性，其采用的就是预制装配式框架结构。在国内涉及装配式建筑领域的还不是很多，而在日本住宅工业化的程度已经高达 70% 以上。

进入 21 世纪后，我国的经济开始有了飞速的发展，建筑行业开始进行快速的工业化技术改造，预制装配式混凝土建筑迎来了发展的春天。预制装配式结构已经应用于许多高质量要求的建筑中，常用的建筑体系也开始借鉴欧美的成功经验采用预制外墙挂板或装配整体式等方式，而且取得了很好的效果。装配式混凝土结构是绿色环保节能型建筑结构，不仅满足了绿色环保、节约能源、节省土地资源的需要，而且伴随着材料学以及建筑施工技术的发展，装配式混凝土结构也有了很大程度的提高。为了降低资源消耗提高住宅的功能质量必须要对传统住宅产业进行全面、系统的改造，对资源的配置进行良好的优化。

对于装配式混凝土结构的建筑来说，其中比较重要的地方当属构件之间的连接构造。其中，现浇或预制混凝土剪力墙与框架梁柱拼接面的连接构造、抗剪承载力及剪切变形性能不仅影响结构的整体性能，还直接影响建筑物的施工方法、施工效率和建造成本，需要进行各种连接形式、各种连接构造的试验研究和理论分析。目前，对装配式混凝土结构的研究，主要还是集中于框架结构和剪力墙结构，对框架-剪力墙结构（简称框剪结构）的研究还较少，对框剪结构中剪力墙连梁的装配方法研究更少。由于框剪结构中剪力墙的连梁厚度较小，与剪力墙同厚，没有足够的截面面积放置套筒，同时由于框剪结构中框架梁、框架柱及剪力墙的存在，剪力墙连梁的装配空间十分有限，因此适用于框架梁柱和梁梁连接的套筒连接方法，适用于框架梁与剪力墙连接的插筋连接方法，适用于上下层剪力墙与剪力墙连接的套筒连接方法等都不适用于该种连接。为此，课题组专门开展了这方面研究，提出了一种装配式混凝土框剪结构剪力墙连梁的拼装连接结构及拼装连接方法，并取得了相应的专利。本书主要针对该种混凝土装配连梁的力学性能展开研究。

1.2 研究对象的选择

对于钢筋混凝土框剪结构，在地震作用时，剪力墙作为第一道抗震防线是其理想的传力体系，首先发生破坏，框架作为第二道防线其次发生破坏，如果框剪结构中，剪力墙中带连梁，理想的情况是连梁在梁端首先出现塑性铰。而实际情况是，带连梁的框剪结构，框架梁的端部受框架柱约束，中部位于剪力墙连梁上方对应剪力墙连梁长度的框架梁部分无约束（为方便叙述，称该部分的框架梁为框架连梁），剩余部分受剪力墙约束，因此，在受水平力时，框架连梁和剪力墙连梁会存在协同工作的阶段，深入分析该阶段二者协同工作机理，有助于准确掌握框剪结构的整体工作机理，从而为提高框剪结构的整体抗震性能提供理论依据。而目前，针对该问题的研究还很少。为此，将框架连梁和剪力墙连梁作为研究对象，如图 1-1 所示，将其定义为并联不等宽双连梁（简称双连梁），开展以下三个阶段的研究：第一阶段将双连梁梁端固结，研究在该种情况下二者的协同工作情况；第

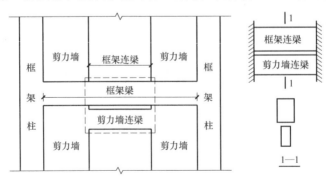

图 1-1　研究对象示意图

二阶段将整根框架梁、框架梁上下的剪力墙和剪力墙连梁作为研究对象，研究在该种情况下双连梁的协同工作情况；第三阶段，建立框-剪结构全模型，研究在该种情况下双连梁的协同工作情况。本书主要在完善前人对装配式混凝土第一阶段有限元分析的基础上，进行第二阶段的研究。

1.3　连梁的研究现状

连梁是指两端与剪力墙在平面内相连的梁，在高层建筑中，连梁是改善剪力墙以及核心筒受力性能的重要构件，在联肢剪力墙中，连梁起着传递荷载和联系墙肢的重要作用，同时也是第一道抗震防线，在剪力墙结构中，连梁也是重要的耗能构件。连梁一般具有跨度小、截面大，与连梁相连的墙体刚度又很大等特点。一般在风及地震荷载作用下，连梁的内力很大。因此设计合理的连梁对于改善核心筒及剪力墙的受力性能有重要的作用。目前直接研究双连梁的文献还很少，主要是针对单连梁的。

从受力性能角度分析，连梁在水平荷载（风荷载和地震荷载）作用下，由于与连梁相连的墙肢产生了弯曲变形，连梁会产生转角，此种受力情况下，则会产生弯矩和剪力。连梁产生内力的另外一种原因是梁两端竖向位移不等，这种情况也是由连梁两端墙肢的不均匀压缩导致的。在连梁两端产生的最大弯矩相等，但是由于连梁刚度比墙肢刚度小得多，反弯点位于连梁中部，所以连梁产生的梁端转角大致相同。在整个梁长方向连梁产生的剪力保持不变，如果忽略连梁的轴力和作用在连梁上的均布荷载，连梁的一般受力特点如图 1-2 所示，其中 $M = Vl_{\mathrm{n}}/2$（l_{n} 为梁净跨）。

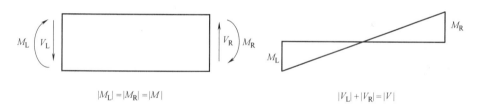

$|M_{\mathrm{L}}| = |M_{\mathrm{R}}| = |M|$　　　　$|V_{\mathrm{L}}| + |V_{\mathrm{R}}| = |V|$

图 1-2　连梁内力分布图

从抗震耗能角度分析，连梁按要求应该先于墙肢屈服。连梁先屈服时，如果连梁有足够的延性，则其两端会产生塑性铰，通过塑性铰的变形连梁可吸收一定的地震能量，相当于塑性阻尼器的作用，在改变结构自振周期的同时也降低了结构的地震作用，从而使建筑物的主要承重构件——剪力墙得到了保护。另一方面，梁端的塑性铰可以使弯矩和剪力继续得到传递，反作用于墙肢，对墙肢也起到了一定的约束作用，使墙肢保持足够的刚度和强度，在改善墙肢受力状态的同时，也起到了第一道抗震防线的功能。

从破坏机理的角度来分析，高层建筑中剪力墙中的连梁在水平荷载作用下有两种破坏方式，第一种脆性的剪切破坏。由于一般连梁的跨高比较小，在水平荷载作用下，梁端承受较大的弯矩和剪力，容易发生脆性的剪切破坏，此时连梁就丧失了承载力，连梁丧失对墙肢的约束作用。如果沿墙全高的所有连梁均发生剪切破坏，墙肢就会被分成单片的独立墙，这就会使结构的侧向刚度大大降低，变形和墙肢的弯矩加大，P-Δ 效应明显增加（P-Δ 效应即为在水平位移影响下，竖向荷载产生的附加弯矩），最终可能导致结构的倒塌。

因此在抗震设计中要避免该种情况的发生。为了防止连梁对剪切破坏的敏感性，《高层建筑混凝土结构技术规程》JGJ 3—2010 对连梁跨高比有限值要求以及在抗震等级为一、二、三级时连梁要增大剪力系数。设计连梁时要求符合"强剪弱弯"的原则，当梁发生弯曲破坏时，梁端出现垂直裂缝并形成塑性铰，受拉区则会出现微小的裂缝，在地震作用时也可能出现交叉的裂缝，此时结构的刚度降低，变形增大，从而吸收大量的地震能量，在通过塑性铰传递弯矩和剪力的同时，对墙肢仍有一定的约束，从而使剪力墙有足够的强度和刚度，在上述过程中连梁可以起到耗能的作用延缓墙肢屈服、减少墙肢的内力。而连梁究竟是发生剪切破坏还是弯曲破坏很大程度上由连梁的跨高比决定。

仅配有横向抗剪箍筋和抗弯钢筋的连梁属于普通配筋钢筋混凝土连梁，也是最早出现的连梁形式。如图 1-3 所示，在跨高比较大时，这种连梁与普通混凝土梁的破坏模式相同，在低周往复荷载作用下发生的是延性破坏，发生这种破坏形式时其受力性能和延性均较好，但该种连梁在与剪力墙连接形成的整体结构刚度比较差。对于这种普通配筋的混凝土连梁，当跨高比小于 1.5 连梁中出现斜裂缝后，连梁中的上、下纵向受力钢筋全长在受拉，在实际中，与传统方法相比，该种连梁的抗弯能力比较低，在经过几次偏大受力循环之后，连梁的梁端截面上下纵向钢筋在受拉过程中是交替进行的，钢筋会伸长，同时，梁端的垂直裂缝也张开，且效果比较显著，此时如果继续施加荷载，其裂缝不会再次闭合，销栓力承担了大部分作用在裂缝截面处的剪力作用，并且截面沿裂缝方向产生滑动现象，最终使"受压区"裂缝压碎，这种压碎是由于摩擦错动而引起的，表现出了较小的延性。此种情况下可以通过提高水平腹筋和箍筋的配筋率来提高连梁的抗剪性能，延缓剪切失效模式的出现；上述情况如果发生在跨高比为 1.2 左右的连梁中时，即使加大水平腹筋和箍筋的配筋率，很明显的剪切失效模式仍然呈现在连梁的破坏之中，与此同时斜裂缝的继续发展导致试件的刚度严重退化，试件的延性和耗能能力也比较差。

对于即使增加水平腹筋和箍筋的配筋率也无法改变对于跨高比小到一定程度的普通混凝土连梁剪切破坏的情况，新西兰的著名学者 T. Paulay 等提出一种新的连梁配筋形式，即将柱式钢筋骨架布置在沿连梁两对角线斜向方向上，如图 1-4 所示。研究结果显示，这种连梁在往复荷载作用下，由于暗柱式钢筋骨架的轴力的竖向分量在参与抗剪的同时又可以承担混凝土斜向压力、可以很好地抑制梁内斜裂缝的发展、有效的限制"滑移型剪切失效"情形的进一步发生，因此具有良好的延性以及良好抗震性能，这一方案先后被美国 ACI318 规范、新西兰 NZS3101 规范、欧盟 EC8 规范、加拿大 CSA23.3 规范以及中国《建筑抗震设计规范》GB 50011—2010 和《高层建筑混凝土结构技术规程》JGJ 3—2010 所采用。但是这种配筋形式的连梁所需要的纵筋和箍筋的层数较多，以至于这种连梁在一般厚度剪力墙中应用比较困难；其次，设置这种连梁形式的柱式钢筋骨架增加了连梁的施工难度；此外，对于具有较大跨高比（2.5 和 5）的连梁，由于连梁对角交叉配筋的倾斜角度角过小，对连梁抗剪能力的提高并不十分明显。

希腊亚里斯多得大学 G. Gpenelis 等提出了一种新的连梁配筋形式以便解决斜对角交叉暗柱式配筋钢筋混凝土连梁对于具有较大跨高比的连梁抗剪性能提高不明显的问题，即菱形配筋钢筋混凝土连梁，如图 1-5 所示。研究表明：对于大跨高比大于 3 的连梁，该种配筋形式的连梁表现出了高强度，超过峰值荷载后强度退化缓慢，耗能能力好的力学性能，而且由于菱形配筋的受拉肢对混凝土有约束作用，这样可以使梁不发生斜拉劈裂剪切

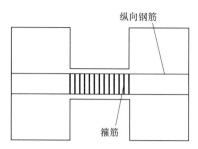

图 1-3 普通配筋钢筋混凝土连梁

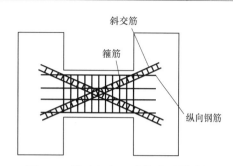

图 1-4 斜对角交叉暗柱式配筋连梁

破坏,同时此种连梁的配筋率也比普通配筋方式的连梁以及交叉斜筋方式的连梁低。与此同时该种方式的连梁也存在不足:首先,在连梁中抗剪机制起主导作用的不是箍筋与混凝土而是主要通过斜压场传递;其次,该种形式的连梁强度计算方法及抗剪受力机理尚不明确,需要通过进行更多的试验数据确定;此外也造成了施工的复杂和成本的浪费。

2006 年,西安建筑科技大学刘清山提出用分段封闭箍筋配筋方案以改变斜对角交叉暗柱式配筋和菱形配筋混凝土连梁施工复杂的缺点。如图 1-6 所示,具体施工方式为将该种连梁沿梁截面的高度分为多层布置箍筋,梁腹构造钢筋连接各分段封闭箍筋,每一层中分段封闭箍筋的配筋方案与连梁的传力机理相符合,施工简单方便。这种形式的连梁优点表现在:由于此种配筋形式的分段箍筋对混凝土的约束作用比较强,可以有效地提高承载过程中形成的混凝土斜压杆的受压承载力;同时,每层封闭箍筋产生的拉力都可以传递给构造钢筋,力在构造钢筋处得到重新分配,这样混凝土承受的拉力将大大降低,所以此种构造可以减少混凝土的软化程度,并且可以在一定程度上提高桁架—拱模型中的斜压杆的承载力;此外,用该种方法配筋的连梁的刚度退化情况能够满足抗震的要求。其缺点在于此种配筋方式对于具有较大跨高比的连梁不适用。

针对跨高比较小的连梁阐述了以上几种新的连梁配筋形式,但是许多具有较大跨高比的连梁在实际工程中也经常出现,对于具有较大跨高比的连梁,虽然连梁自身的延性比较好,但是与剪力墙墙肢连接后形成的结构具有较差的整体性,同时抗侧移刚度也比较小。为此,20 世纪 90 年代初,华南理工大学韩小雷等提出了一种带有钢支撑摩擦滑动节点的连梁对刚性连梁体系进行了进一步研究,此种刚性连梁即将对角钢支撑在加在两条普通钢筋混凝土连梁之间,在两对角钢支撑相交处设置摩擦节点,摩擦节点一般由钢板通过高强螺栓连接而成,如图 1-7 所示。该种连接形式的连梁在往复荷载作用下的滞回曲线比较丰满,刚度退化很缓慢,强度降低很小,同时又具有很好的延性等特点,此种形式类似于理想的弹塑性结构,而且优势还在于发生强震后比较容易修复。

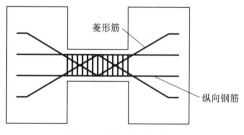

图 1-5 菱形配筋连梁

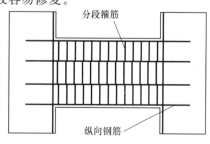

图 1-6 分段封闭箍筋连梁

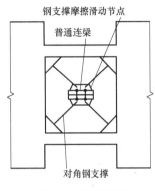

钢支撑摩擦滑动节点

普通连梁

对角钢支撑

图 1-7 刚性连梁

在实际工程设计中，一般经常采取调整连梁截面的方法，比如减小连梁的截面高度或降低连梁的刚度，但这么做的缺点在于不仅削弱了连梁对墙肢的约束作用，同时从根本上又难以改善连梁的抗震性能，不仅导致结构整体在地震作用下破坏的情况，也很有可能引起侧移量不能够满足规范的要求。目前，在国内工程界中，有学者又提出一种新的双连梁设计方案，此种方案即将单根连梁分解为上、下两个连梁，该上、下连梁间有一定的协同功能并且设有一定的间距以便于施工，同时上下梁间有一定的间隙，无须进行连接，并可以分别进行设计、施工。根据上、下连梁受力大小的不同，上、下梁可以分别采用普通混凝土连梁、钢骨混凝土连梁的设计方案，同时也可以采用刚度折减等措施。因此，双连梁较普通单连梁在承载力以及抗震性能方面具有优势。

设计中采用双连梁不仅可以解决剪力墙设计中经常遇到的"连梁超筋"问题，还可以解决设备专业走管道的需要。在一般的剪力墙结构中，在结构总高度 1/3 左右的楼层容易发生连梁超筋的问题；在平面中，当墙段比较长时其中部的连梁也容易发生连梁超筋的问题；当墙段中剪力墙墙肢截面高度大小差异较大时，在截面高度较大的墙肢中的连梁也容易出现超筋问题。

所谓的"连梁超筋"是指剪力不满足式（1-1）～式（1-3）中剪压比的要求。

（1）持久、短暂设计状况时：

$$\frac{v}{bhf_{\mathrm{c}}}\leqslant 0.25 \tag{1-1}$$

（2）地震设计状况时，跨高比大于 2.5 的连梁：

$$\frac{v}{bhf_{\mathrm{c}}}\leqslant 0.2 \tag{1-2}$$

跨高比不大于 2.5 的连梁：

$$\frac{v}{bhf_{\mathrm{c}}}\leqslant 0.15 \tag{1-3}$$

式中 V——连梁截面剪力设计值；

b——连梁截面宽度；

h——连梁截面有效高度；

f_{c}——混凝土轴心抗压强度。

《高层建筑混凝土结构技术规程》JGJ 3—2010 中给出了以下几个解决措施来解决连梁的超筋问题：（1）通过设置水平缝形成双连梁或者减小连梁截面的高度；（2）采用抗震设计中关于剪力墙连梁的弯矩可塑性调幅的方法；（3）《建筑抗震设计规范》GB 50011—2010 中 6.4.7 条也给出了相关的建议措施：提出对于具有较小跨高比的连梁，通过设置水平缝形成的双连梁，多连梁可以用来降低连梁的刚度或其他加强了连梁抗剪承载力的构造措施。对于设置了水平通缝的连梁，可以将一根连梁转变成为跨高比相对较大的两根或多根连梁，连梁的破坏形态将从剪切破坏转变为有一定延性的弯曲破坏。

在 2008 年汶川地震中，成都市（实际抗震烈度 6～7 度）和西安市（实际抗震烈度 6 度）的两幢框-剪结构中的双连梁发挥了良好的抗震耗能效果，如图 1-8 所示。目前，在工程设计上，现浇双连梁设计方案已经得到了大量的应用，《建筑抗震设计规范》GB 50011—2010也提出可以通过设置水平通缝使得跨高比较小的单连梁变成双连梁或者多连梁，但是规范中并没有提出明确的抗震措施和施工设计方法等要求，目前国内学者在双连梁试验和有限元模拟分析方面，对于双连梁的研究都很少。

图 1-8　成都市（右）和西安市（左）的震后框-剪结构双连梁

20 世纪 80 年代初，清华大学学者曾经对带有全通缝的连梁进行了大量的试验研究。实验结果表明：带有全通缝的连梁具有较好的延性，并且可以实现连梁的弯曲破坏，但由于其刚度下降过多，从而导致了剪力墙的整体性能有很大程度的降低。

1987 年王宗哲、王崇昌和董至仁等人对在连系梁中间设置水平通缝的连梁进行了实验研究，研究结果表明连系梁延性能力的提高可以很好地改善钢筋混凝土剪力墙的延性。按一般方式配筋的连系梁其延性较差，连梁跨高比较小时这种情况更明显。当箍筋配筋率充分时，虽然可以防止连梁斜拉破坏，但不容易避免端部发生剪切滑移的现象。实验所研究的两种连系梁构造方案，在反复荷载下性能稳定，延性系数较大，可以改变一般连系梁的脆性破坏特征，此种结构形式的连梁易于施工、构造简单，按照机构控制原则，不仅可以加强墙肢底部，将剪力墙的塑性变形限制于连系梁系统，还可在保证其刚度、强度不致过多降低的情况下，大大改善 R.C. 剪力墙的延性，提高其抗震能力。

20 世纪 80 年代末，曹征良和丁大钧提出带缝槽钢筋混凝土自控连梁，连梁构造形式如下：在连梁的两端，在连梁的中部沿着梁高中线处各设置一条水平通缝，通缝长为 $l_0 = (0.2\sim0.3)l$，在梁两侧去除通缝的跨中其余部分则设置水平缝槽，箍筋不通过水平缝槽，该部分的素混凝土被称为"连接键"，同时在梁的两端多加设 4 个 X 形钢筋以便阻止梁端塑性铰区发生剪切滑移。同时学者提出了对于跨高比小于 1.5 的连系梁，需要在连系梁中间设置水平通缝的做法，这么做就可以防止在通长的连系梁中发生剪切破坏，而且连系梁的延性最终也比较好。实验结果表明：在小震（又称多遇地震）作用下两个分梁会在一起工作，此时连系梁对墙肢的约束作用力比较强；而在大震（又称为罕遇地震）作用下，连梁刚度减弱，并且开裂成的两个分梁以受弯为主，均能够承受较大的塑性变形，而且结构耗散地震能量的能力得到了很大的提高，通过设置通缝连梁可以有效地控制剪力墙结构的地震反应。因此，自控连梁适用于在地震区跨高比小于0.2的剪力墙连梁结构。

2004年，洪翔和曹征良利用振动台完成了带自控连梁的双肢剪力墙的振动试验，该种形式的自控连梁实际上是将双肢或多肢剪力墙中跨高比比较小（≤2）的连梁，分成上、下两根在梁端部留有通缝的小梁（$l=h/2$），两根小梁的中部由素混凝土浇筑形成的凹槽连接成一个整体。试验结果表明：

（1）随着幅值和振动次数的逐渐增加，在普通双肢剪力墙振动模型中，裂缝首先出现在各层连梁两端，其次出现在墙肢的底层、二层。破坏时，最早出现在连梁两端的弯曲裂缝均已贯通，底部自控连梁纵筋发生压屈，同时发生水泥砂浆剥落等破坏现象；

（2）在抗震性能方面带有自控连梁的双肢剪力墙要比普通双肢剪力墙优良，同时自控连梁的构造简单，造价较低，值得在工程中大量推广应用。

2006年，同济大学李杰等人完成了缩尺联肢高性能混凝土短肢剪力墙的静力试验。试验结果证明了短肢双连梁的剪力墙采用高性能混凝土后具有良好的抗震性能。

2008年，姚谦峰、郭猛等通过ETABS和SATWE程序分别对带有弱连梁、强连梁以及双连梁的框架-核心筒结构进行了地震反应分析。结果表明：对于剪力墙的连梁设计，应优先采用双连梁和强连梁（$h>400\text{mm}$），不应采用弱连梁（$h\leqslant400\text{mm}$），并且在连梁截面尺寸的设计方面，学者也给出了合理的设计原则。采用双连梁设计方式时应该注意上下连梁间砌块尽量采用立砖斜砌的填充方式，避免上下连梁受力情况与模型不一致；设计时，要对位于楼层标高处的双连梁中的上连梁进行竖向承载力的验算，以防止上连梁在正常使用荷载下出现规范不允许的开裂现象。

2010年，胥玉祥、朱玉华等分别建立了普通单根连梁和双连梁的简化的联肢剪力墙结构模型，对比分析了在水平荷载作用下双连梁和普通单连梁的力学性能。分析了在不同间距和不同跨高比下，对比研究单连梁和双连梁的受力性能。结果表明：

（1）跨高比不同时，单连梁的弯矩、剪力和自振周期更大；

（2）双连梁与普通单连梁的最大剪弯比值都随着跨高比减小而逐渐增大；

（3）跨高比不变时，双连梁之间间距的增加不影响上下梁的内力变化。

综合分析说明双连梁方案能够很好地降低连梁的内力。

2010年，谷倩和朱飞强对实际深连梁和双连梁剪力墙结构（依据汶川地震中实际震害）进行了对比分析，运用有限元分析软件模拟了有关双肢剪力墙两种不同连梁结构形式的模型，通过运算对比分析双连梁与深连梁模型的骨架曲线、滞回曲线、刚度退化曲线、极限承载力、延性及耗能能力。研究结果表明：深连梁一般发生剪切型破坏，与此相比，剪力墙整体结构仍具有良好的抗侧移能力，在双连梁屈服后由于其还可以承受比较大的塑性转角，所以双连梁能够成为剪力墙结构良好的耗能构件；从位移延性及耗能能力方面分析，双连梁剪力墙结构均优于深连梁剪力墙结构，但双连梁剪力墙结构的极限承载力和抗侧刚度低于深连梁剪力墙结构。

2012年重庆大学傅剑平等人对钢筋混凝土带板双连梁的抗震性能试验进行了研究，实验研究建议双连梁设计时考虑楼板的影响，因为实验结果表明楼板对连梁裂缝的开展以及破坏模式有一定影响。

2013年天津大学傅春兵对高强钢筋高强混凝土单连梁和双连梁实验模型进行了有限元模拟，并提出了一种新型转角刚度等效的双连梁等效方案，给出了等效的具体做法和算例，并用 ANSYS 和 ABAQUS 从弹性和弹塑性两个方面验证了其正确性以及对连梁延性的提高作用。单连梁按转角刚度等效成双连梁，可以降低连梁剪压比，降低高跨比，对解决连梁超筋问题有较大帮助。

2014年，沈阳建筑大学陈吉光主要采用有限元软件 ABAQUS，2015年，沈阳建筑大学张海洋主要采用有限元软件 WCMD 分析了现浇双连梁的力学性能和影响因素，对装配双连梁的力学性能也进行了一定的分析，在分析装配双连梁时，仅假定连梁和剪力墙（端块）不等厚的情况，通过设置摩擦系数分析装配区域灌浆料与混凝土的接触情况，并未分析灌浆料强度、装配位置对双连梁力学性能的影响。

2016年，沈阳建筑大学王春艳主要基于试验研究了单连梁和双连梁的力学性能。

1.4 提出的连梁装配方法

目前国内外关于装配式混凝土剪力墙结构方面结构的实践和研究主要针对住宅建筑，对于框架结构的研究则主要针对多层混凝土结构。装配式混凝土框-剪结构（包含框架核心筒结构，以下统称为框-剪结构）是融合了框架和剪力墙各自的长处，本身又具有区别于纯框架结构和纯剪力墙结构的特点，结构形式多样，适用于住宅和公共建筑等各种建筑，应用范围广。本课题对装配式混凝土框架-剪力墙结构各项关键应用性技术进行深入研究，在研究之后提出了2种连梁的装配方法。

混凝土框-剪结构中剪力墙连梁的第一种拆分拼装连接方式，即在连梁两端拆分拼装连接，如图1-9～图1-14所示。其中，图1-9为拆分的立面主视图，图1-10为拼装的立面主视图，图1-11为预制墙等轴测三维图，图1-12为图1-9中Ⅰ-Ⅰ剖面图，图1-13为预制连梁等轴测三维图；图1-14为图1-9中Ⅱ-Ⅱ剖面图。

装配式混凝土框-剪结构中剪力墙连梁第二种拆分拼装连接，即在连梁跨中拆分拼装连接。图1-15～图1-21所示：其中，图1-15为拆分的立面主视图，图1-16为拼装的立面主视图，图1-17为预制带梁墙Ⅰ等轴测三维图，图1-18为图1-14中Ⅰ-Ⅰ剖面图，图1-19为预

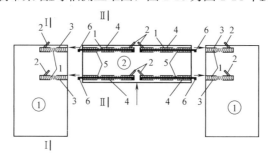

图1-9 拆分立面主视图

①—框剪结构中预制剪力墙（简称预制墙）；

②—框剪结构中预制剪力墙中的连梁（简称预制连梁）；

1—螺旋箍筋；2—注浆管；3—预制墙中预留孔洞；

4—预制连梁中预留孔洞；5—等效钢筋；6—半螺帽

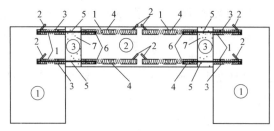

图 1-10　拼装立面主视图

①—框剪结构中预制剪力墙（简称预制墙）；

②—框剪结构中预制剪力墙中的连梁（简称预制连梁）；

③—灌浆缝；1—螺旋箍筋；2—注浆管；3—预制墙中预留孔洞；

4—预制连梁中预留孔洞；5—等效钢筋；6—半螺帽；7—微膨胀砂浆

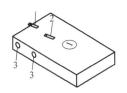

图 1-11　轴测三维图

①—预制墙；1—螺旋箍筋；2—注浆管；

3—预制墙中预留孔洞

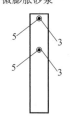

图 1-12　Ⅰ—Ⅰ剖面图

3—预制墙中预留孔洞；

5—等效钢筋

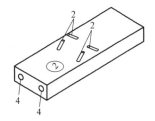

图 1-13　预制连梁等轴测三维图

②—预制连梁；2—注浆管；

4—预制连梁中预留孔洞

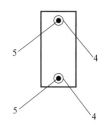

图 1-14　Ⅱ—Ⅱ剖面图

4—预制连梁中预留孔洞；

5—等效钢筋

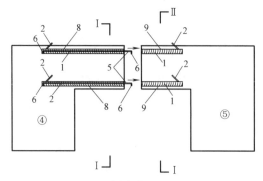

图 1-15　拆分的立面主视图

④—右连梁跨中拆分的带半跨连梁的剪力墙Ⅰ（简称预制带梁墙Ⅰ）；⑤—左连梁跨中拆分的带半跨

连梁的剪力墙Ⅱ（简称预制带梁墙Ⅱ）；1—螺旋箍筋；2—注浆管；5—等效钢筋；6—半螺帽；

8—预制带梁墙Ⅰ中预留孔洞；9—预制带梁墙Ⅱ中预留孔洞

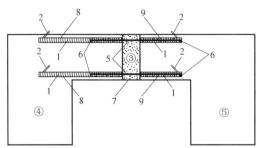

图 1-16　拼装的立面主视图

③—灌浆缝；④—预制带梁墙Ⅰ；⑤—预制带梁墙Ⅱ；1—螺旋箍筋；2—注浆管；5—等效钢筋；
6—半螺帽；7—微膨胀砂浆　8—预制带梁墙Ⅰ中预留孔洞；9—预制带梁墙Ⅱ中预留孔洞

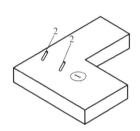

图 1-17　轴测三维图

①—预制墙；2—注浆管

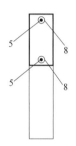

图 1-18　Ⅰ—Ⅰ剖面图

5—等效钢筋；8—预制带梁墙Ⅰ中预留孔洞

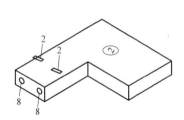

图 1-19　预制带梁墙Ⅱ等轴测三维图

②—预制连梁；2—注浆管；
8—预制带梁墙Ⅰ中预留孔洞

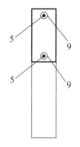

图 1-20　Ⅱ—Ⅱ剖面图

5—等效钢筋；
9—预制带梁墙Ⅱ中预留孔洞

制带梁墙Ⅱ等轴测三维图，图 1-20 为图 1-15 中Ⅱ-Ⅱ剖面图。

　　图 1-21（a）、（b）为图 1-9 和图 1-15 中的等效钢筋三维立体图。

　　图 1-22（a）、（b）、（c）为施工中用于成孔的钢管及绕在钢管上的螺旋箍筋三维立体图。图 1-23 为用于浇筑灌浆缝的 U 型模板三维立体图。

　　第一种装配方法的具体实施方式：在连梁的两端与剪力墙连接位置拆分，形成由两片预制剪力墙（以下简称预制墙①）和一根预制剪力墙连梁（以下简称预制连梁②）构成的结构拆分拼装体系。为了实现预制墙①和预制连梁②的连接，在预制墙①和预制连梁②内设有预留孔洞，预制连梁②孔洞内首先放入等效钢筋 5，等效钢筋 5 端头露出预制连梁②（图 1-9），预制墙①和预制连梁②对位后，将预制连梁②内的等效钢筋 5 拔出插入预制墙①内，通过向预制连梁②和预制墙①预留孔洞及灌浆缝③灌注微膨胀砂浆 7，使预制连梁

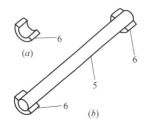

图 1-21　等效钢筋三维立体图

(a) 半螺帽；(b) 等效钢筋与
半螺帽组合
5—等效钢筋；
6—半螺帽

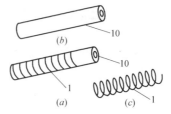

图 1-22　螺旋箍筋三维立体图

(a) 成孔钢管与螺旋箍筋组合；(b) 成
孔钢管；(c) 螺旋箍筋
1—框剪结构中预制剪力墙 (简称预制墙)；
10—成孔钢管

图 1-23　U 型模板

⑥—U 型模板

②、预制墙①及等效钢筋 5 连接为整体 (图 1-10)。

其中，(1) 预制连梁②和预制墙①的成孔方法：可选用外直径大于等效钢筋 5 直径的成孔钢管 10，在成孔钢管 10 壁缠绕螺旋箍筋 1，然后将缠有螺旋箍筋 1 的成孔钢管 10 预埋于预制连梁②和预制墙①的预定位置，浇筑预制连梁②、预制墙①，待混凝土凝固后，拔出成孔钢管 10，形成带孔洞并且孔洞周围留有螺旋箍筋 1 的预制连梁②和预制墙①。(2) 预制连梁②和预制墙①的拼接，将等效钢筋 5 放入预制连梁②的孔洞，并在孔端留不小于 2cm 的端头，将预制连梁②和预制墙①的孔洞对位，预制连梁②梁端和预制墙①间留有灌浆缝③，对位完成后，将等效钢筋 5 拔出，并伸入对应预制墙①的预留孔洞。然后在灌浆缝的周围布置 U 型模板⑥，U 型模板⑥周围通过玻璃胶，与预制连梁②和预制墙①密封。同时从预制连梁②和预制墙①的灌注浆管 2 灌注微膨胀砂浆 7，直至微膨胀砂浆 7 充满预制构件的孔洞预制墙中预留孔洞 3、预制连梁中预留孔洞 4 和灌浆缝③的 U 型模板⑥，待微膨胀砂浆 7 凝固后，拆除 U 型模板⑥，完成预制连梁②和预制墙①的拼接。

第二种装配方法的具体实施方式：在连梁的跨中位置拆分，拆分后形成两片各带一半连梁的剪力墙 (简称预制带梁墙)。为了实现预制带梁墙和预制带梁墙的连接，在预制带梁墙内预留孔洞 (图 1-15)。拼装时，首先在预制带梁墙内放入等效钢筋 5，等效钢筋 5 端头露出预制带梁墙不小于 2cm，预制带梁墙和预制带梁墙对位后，将等效钢筋 5 拔出插入另一片预制带梁墙，通过向两片预制带梁墙的预留孔洞及灌浆缝灌注微膨胀砂浆 7，使两片预制带梁墙及等效钢筋 5 连接为整体 (图 1-16)。其中，预制带梁墙与预制带梁墙的拼接方法同预制连梁②和预制墙①的拼接方法。

上述拼装结构的传力机理为：以两根面积不小于连梁纵向受力钢筋面积的等效钢筋 5，代替连梁的纵向受力钢筋，实现连梁弯矩向剪力墙的传递；以灌浆缝③中微膨胀砂浆 7 实现连梁剪力向剪力墙的传递；预留孔洞和等效钢筋 5 间灌有微膨胀砂浆 7，实现等效钢筋 5 与预留孔洞周围混凝土间拉力的传递。采用等效钢筋 5 的目的是为减少需要连接的钢筋数量，使拼接在施工中简便可行。

装配式建筑毫无疑问是未来工程建设的发展方向，目前对其研究还不够完善，尤其是装配式连梁的研究还很欠缺，国内外对装配式连梁的实验和分析较少，对其受力性能还不够清楚，综上所述，本书结合作者和他人的研究，系统阐述装配式连梁的设计原理。

本章参考文献

[1] 张凯. 预制装配式框架剪力墙住宅技术与实践 [J]. 住宅产业，2012，8：49-52.

[2] 崔健宇，孙建刚，王博. 装配式预制混凝土结构在日本的应用 [J]. 大连民族学院学报，2009，11（1）：67-70.

[3] 李学智，刘东. 对预制混凝土行业发展的思考 [J]. 混凝土与水泥制品. 2005，2：54-61.

[4] 戴显明. 我国混凝土行业的现状和展望 [J]. 混凝土. 2001，143（9）：3-9.

[5] 蒋勤俭. 国内外装配式混凝土建筑发展综述 [J]. 建筑技术，2010，41（12）：1071-1077.

[6] 刘琼，李向明，许清风. 预制装配混凝土结构研究与应用现状 [J]. 施工技术，2014，43（22）：9-14.

[7] 熊仲明，史庆轩，王社良，霍晓鹏. 钢筋混凝土框架-剪力墙模型结构试验的滞回反应和耗能分析 [J]. 建筑结构学报，2006，27（4）：89-95.

[8] 郑振鹏，郑仁光，李峰. 预制装配整体式混凝土框架-剪力墙结构设计 [J]. 建筑结构，2013，43（2）：28-32.

[9] S. Marzban, M. Banazadeh, A. Azarbakht. Seismic performance of reinforced concrete shear wall frames considering soil-foundation-structure interaction. Struct. Design Tall Spec. Build，2014，23（3）：302-318.

[10] Pan Lin，Zhang Yanqing. The analysis of Frame-Shear wall structure model. Advanced materials research，2012，424（425）：654-659.

[11] Tripa Eusebiu，Mirsu Ovidu. Prefabricated shear wall-frame structure in earthquake zones. Proceedings of the World Congress of the Council on Tall Buildings and Urban Habitat，1995：627.

[12] 李明，赵唯坚，张海洋，王立国. 装配式混凝土框剪结构剪力墙连梁的拼装连接结构. 中国，ZL 2014 2 0657677. 8 [P]. 2014-11-05.

[13] 崔晶晶. 框架-剪力墙结构抗震性能分析 [D]. 大连：大连理工大学，2012.

[14] 曹万林，张建伟，尹海鹏，陈家珑. 再生混凝土框架-剪力墙结构抗震研究及应用 [J]. 工程力学，2010，27：135-141.

[15] 李岩，郝际平，周琦，解琦，郭宏超. 栓焊连接钢框架钢板剪力墙结构试验研究和有限元分析 [J]. 工业建筑，2011，41（7）：101-106.

[16] 赵唯坚，钟全，贾连光，张曰果. 装配式混凝土框架剪力墙结构低周往复加载分析 [J]. 沈阳建筑大学学报，2015，31（2）：276-285.

[17] Chen JinXuan，LiuYanwei，Yang Jurui and Xiao Xia. The seismic performance analysis for the ceramsite concrete frame-shear wall structure [C]. Advanced materials research，2014，919-921：981-988.

[18] 贾连光，刘鑫，陈勇，赵唯坚. 钢梁-混凝土剪力墙直交节点受力性能影响因素分析 [J]. 沈阳建筑大学学报，2013，29（6）：998-1005.

[19] Li Ming，Chen Jiguang and Zhao Weijian. Research Progress on Coupling Beam [C]. ICD-MA，2013：1156-1159.

[20] 陈吉光. 并联不等宽双连梁力学性能研究 [D]. 沈阳：沈阳建筑大学，2014.

[21] 刘岩，邓志恒，谭宇胜. 几种连梁结构体系的比较研究 [J]. 混凝土与水泥制品，2007 (1)：57-60.

[22] 张彬彬. 高层建筑剪力墙连梁抗震性能的试验研究 [D]. 重庆：重庆大学，2001.

[23] 中华人民共和国行业标准. 高层建筑混凝土结构技术规程 JGJ 3—2010 [S]. 北京：中国建筑工业出版社，2010.

[24] 梁启智，韩小雷. 低周反复荷载作用下刚性连梁及普通连梁性能 [J]. 华南理工大学学报，1995，23 (1)：27- 33.

[25] 郭凤香. 高层建筑剪力墙连梁抗震受力性能的研究 [D]. 西安：西安科技大学，2006.

[26] 中华人民共和国国家标准. 建筑抗震设计规范 GB 50011—2010 [S]. 北京：中国建筑工业出版社，2010.

[27] Building Code Requirements for Structural Concrete（ACI318-02）and Commentary（ACI318R-02）[S]，An ACI Standard，reported by ACI Committee 318，American Concrete Institute ，2002.

[28] CSA Standard A 23. 3-94，Design of Concrete Structures，Canadian Standards Association，Dec，1994

[29] T. Paulay and J. R. Binney. Diagonally reinforced coupling beams of shear walls [R]. Shear in reinforcedconcrete SP-42 American Concrete Institute，Farmington Hills，1974. 579-598.

[30] I. A. Tegos and G. G. penelis. Seismic Resistance of short columns and coupling beams reinforced with inclined bars [J]. ACI Structural Jounal，1988，85 (1)：82-88.

[31] 刘清山. 抗震剪力墙小跨高比连梁的理论分析和试验研究 [D]. 西安：西安建筑科技大学，2006. 6.

[32] 韩小雷，梁启智. 带刚性连梁的双肢剪力墙结构的弹塑性分析 [J]. 工程力学，1996，13 (1)：26-34.

[33] Han XiaoLei，Liang QiZhi. Structural control of coupled shear-walls with a stiffening beam [J]. Journal of South China University of Technology（Natural Science），1997，27 (9)：90-94.

[34] 王祖华，桑文胜. 劲性钢筋混凝土连梁的性能与计算方法 [J]. 华南理工大学学报，1995，23 (1)：34-42.

[35] 李国胜. 简明高层钢筋混凝土结构设计手册（第三版）[M]. 北京. 中国建筑工业出版社，2011.

[36] 李国威，李文明. 反复荷载下钢筋混凝土剪力墙连系梁的强度和延性，清华大学抗震抗爆研究室，1984.

[37] 王崇昌，王宗哲，陈平，董至仁. 剪力墙结构自控连梁的试验研究 [J]. 东南大学学报，1991，21 (4)：45-52.

[38] 曹征良，丁大钧，程文瀼. 剪力墙结构自控连梁的试验研究 [J]. 东南大学学报，1991：45-51.

[39] 曹征良，洪翔. 带自控连梁的双肢剪力墙振动台试验研究 [J]. 建筑结构学报，2004.

[40] 李奎明，孙春毅，李杰. 高性能混凝土双连梁短肢剪力墙试验研究 [J]. 地震工程与工程振动，2006，26 (3).

[41] 郭猛，姚谦峰，刘佩. 框架-核心筒结构剪力墙连梁设计 [J]. 华中科技大学学报，2009，

37（5）：102-105.

[42] 胥玉祥，朱玉华，赵昕，李学平. 双连梁受力性能研究 [J]. 结构工程师，2010.

[43] 谷倩，朱飞强. 双连梁和深连梁剪力墙结构抗震性能对比分析 [J]. 土木工程学报，2010，43.

[44] 朱文博，傅剑平. 钢筋混凝土带板双连梁抗震性能试验研究及有限元分析 [D]. 重庆：重庆大学，2002.

第2章 基于 ABAQUS 建立的连梁有限元模型

2.1 引 言

ABAQUS 是世界上最先进的功能强大的工程模拟有限元软件之一，国外学者把 ABAQUS 作为研究工程科学的工具，并将其应用到土木、机械等领域，从而它在各国的研究和工业中得到广泛的应用。ABAQUS 提供的交互式图形环境 ABAQUS/CAE，可以用来方便快捷地构造模型，为部件定义材料属性、荷载及边界条件等模型参数。ABAQUS/CAE 具有强大的网格划分功能，并可检验所构造的分析模型，提交、监视和控制分析作业，然后使用后处理模块来显示分析结果。ABAQUS 具有十分丰富的、可以模拟任意几何形状的单元库。同时，其具有丰富的材料模型库，可以模拟很多典型工程材料的性能，如钢筋混凝土、橡胶、地质材料等。作为一种大型通用的模拟工具，其应用领域相当广泛。本章基于 ABAQUS 建立的连梁有限元模型

2.2 有限元模型参数选择

2.2.1 混凝土本构关系

在 ABAQUS 有限元软件中提供了三种混凝土本构关系的模型；即弥散裂纹模型、损伤塑性模型和裂纹模型。

（1）混凝土弥散裂纹模型

混凝土弥散裂纹模型不是单独跟踪单个的宏观模型，裂纹产生后各个积分点上的本构是相互独立计算的，主要影响是体现在积分点的计算上，所以需将弥散混凝土模型中的裂纹与宏观裂纹区分开来，有限元 ABAQUS 模拟中主要是通过改变混凝土的拉伸刚度来影响弥散裂纹，产生裂纹的单元还可以承受一部分应力。而宏观裂纹将导致结构失去承载力，并造成脱落的现象。

（2）混凝土损伤塑性模型理论

在循环加载和动态加载条件下，为分析混凝土结构的力学响应提供普适的材料模型，基于 Lubliner，Lee 和 Fenves 提出的损伤塑性模型，继而 ABAQUS 提出的混凝土损伤塑性模型，模型考虑了材料拉压性能的差异，低静水压力下，主要用于模拟由损伤引起的不可恢复的材料退化。

混凝土损伤塑性模型假定混凝土材料主要因拉伸开裂和压缩破碎而破坏。屈服或破坏面的演化由两个变量 ε_{plt}（拉伸等效塑性应变）和 ε_{plc}（压缩等效塑性应变）控制。

在弹性阶段，该模型采用线弹性模型对材料的力学性能进行描述，进入损伤阶段后，

混凝土损伤塑性模型损伤后的弹性模量可以表示为损伤因子 d 和初始无损弹性模量的关系式（2-1）：

$$E=(1-d)E_0 \tag{2-1}$$

式中，E_0 是材料的初始（无损）弹性模量。损伤因子 d 为应力状态和单轴拉压损伤变量 d_t 和 d_c 的函数，在单轴循环荷载状态下，ABAQUS 假定式（2-2）：

$$(1-d)=(1-s_t d_c)(1-s_c d_t) \qquad 0 \leqslant s_t, s_c \leqslant 1 \tag{2-2}$$

式中 s_t，s_c 分别为与应力反向有关的刚度恢复应力状态的函数，用式（2-3）、式（2-4）两个方程定义：

$$s_t=1-w_t r \times (\sigma_{11}) \qquad\qquad 0 \leqslant w_t \leqslant 1 \tag{2-3}$$

$$s_c=1-w_c[1-r \times (\sigma_{11})] \qquad 0 \leqslant w_c \leqslant 1 \tag{2-4}$$

其中 $r \times (\sigma_{11})=H(\sigma_{11})=\{1$ if $\sigma_{11}>0$ or 0 if $\sigma_{11}<0\}$，权重因子 w_t 和 w_c 为材料参数，控制着应力反向加载下材料受拉受压刚度的恢复。

图 2-1 给出了单轴往复荷载（拉-压-拉）作用下，压权重因子为 $w_c=1$（由拉到压）和拉权重因子为 $w_t=0$（由压到拉）时，混凝土损伤塑性模型弹性模量恢复示意图。混凝土受轴向拉伸时，混凝土拉应力增加，当达到混凝土峰值拉应力（点 A）时，混凝土开裂，继而加载到点 B，混凝土抗拉刚度降低，用刚度折减因子 d_t 可表示为 $E=(1-d_t)E_0$，此时卸载，材料将按有效刚度 $(1-d_t)E_0$ 进行卸载，即路径 BC。当反向对混凝土施加轴压时，如果权重因子 $w_c=0$（即出现拉损伤后受压刚度不恢复）时，则按路径 CD 加载，如果权重因子 $w_c=1$ 时，则按路径 CMF 加载。当达到点 F 后，对其卸载再反向加载拉伸，如果受拉刚度恢复因子为 1，则按路径 GJ 进行加载，如果受拉刚度恢复因子为 0，则按路径 GH 加载。

（3）混凝土裂纹模型

混凝土裂纹模型应用在 ABAQUS/Explicit，ABAQUS/Explicit 是一个具有专门用途的分析模块，适合做动力分析，应力特别是压应力比较小的情况。此外，它在处理改变接触条件的高度非线性问题上也非常适合，比如模拟成型问题。

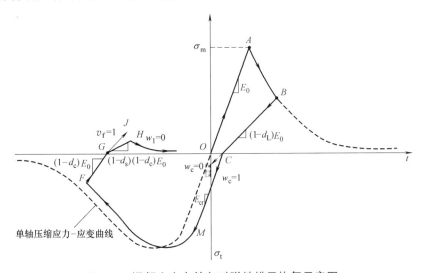

图 2-1 混凝土应力转向时弹性模量恢复示意图

　　并联不等宽双连梁模型中的混凝土采用 ABAQUS 中提供的混凝土损伤塑性模型。混凝土的受拉、受压本构关系如图 2-2 所示。ABAQUS 在实际操作中，一些参数取值见表 2-1。初始弹性模量取规范值，泊松比为 0.2，混凝土密度取 2400kg/m³。

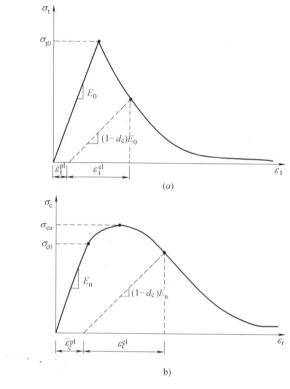

图 2-2　单向荷载下混凝土的拉压行为

（a）拉伸行为；（b）压缩行为

计算参数　　　　　　　　　　　　　　　　　　　　　　　　　表 2-1

$\psi(°)$	ε	α_f	K_c	μ
30°	0.1	1.16	2/3	0.0005

注：ψ 为膨胀角；ε 为流动势偏移值；α_f 为双轴极限抗压屈服应力和单轴极限抗压屈服应力之比；K_c 为拉伸子午上和压缩子午面上的第二应力不变量之比；μ 为黏性系数。

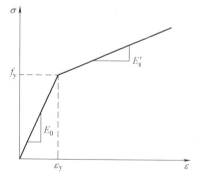

图 2-3　钢筋应力-应变图

2.2.2　钢筋本构关系

　　钢筋是较为理想的均质材料，采用的是 HRB335 和 HRB400。模型可采用三折线、双折线模型，理想的弹塑性模型。以下采用双折线模型，如图 2-3 所示。图中 f_y 是钢筋强度设计值，ε_y 是屈服应变。考虑到钢材屈服后强化，本章取屈服后弹性模量是初始弹性模量的 1%。钢筋泊松比 υ 采用规范推荐值 0.3，钢材密度取 7850kg/m³。

2.2.3 有限元模型中单元的选取

在非线性模拟中,混凝土主要采用两种单元类型,分别为 S4R(壳单元)和 C3D8R(实体单元)。分析中混凝土单元采用 C3D8R(即八节点减缩积分实体单元),在弯曲荷载下,线性减缩积分单元不易发生剪切自锁,较好的排除了网格扭曲变形的干扰。钢筋单元采用 T3D2(即二节点三维杆单元),该单元的每个节点三个自由度,对于位置和位移采用线性内插法,忽略了钢筋抗剪作用,适于模拟钢筋的单轴受拉受压性能。在钢筋和混凝土接触过程中,将钢筋整体通过 Embedded 命令埋入混凝土中。

2.2.4 有限元模型中网格划分

有限元中网格划分是非常重要的一步,网格划分的好坏与规整程度将直接影响到计算结果的精确。在求解过程中,网格划分尺寸越小,所得的计算结果与实际情况将会越接近,但计算机运算的时间将会增加。因此,为了提高计算效率,可以在某些重要的部位(如塑性变形较大区域、应力集中区域和结构的关键部位等)布置较多的种子,网格尺寸划分越小,可以保证计算结果的精确。对于不重要的一些区域,可以适当的减少种子的布置数量,以减少计算的时间,以达到既能保证计算精度又能保证效率。

在 ABAQUS 有限元中为操作者提供了三种网格划分技术,分别是扫掠网格(Sweep)、自由网格(Free)、结构化网格(Structured)。扫掠网格技术可以对非常复杂的实体和研究表面进行网格划分,扫掠路径可以为任意形式的边,如果扫掠路径是一个圆形边,最终生成的网格称旋转扫掠网格,如果扫掠路径是一个直边,最终生成的网格称作拉伸扫掠网格。任何模型区域都可以进行扫掠网格划分,软件将采用六面体,以六面体为主的楔形单元生成扫掠;与自由网格划分技术不同,结构优化网格划分技术采用最简单的、预定义的网格拓扑技术对模型进行网格划分,对于简单的二维区域,操作者可以指定四边形或四边形为主的单元对模型进行结构网格划分,对于简单的三维区域,操作者可以指定六面体或六面体为主的单元对模型进行结构划分。混凝土网格尺寸设为 50mm,钢筋设为 2mm。

2.2.5 有限元模型中接触分析

在 ABAQUS/Standard 中可以通过定义接触面(Surface)或者是接触单元(Contact Element)来模拟接触问题。接触面分为 3 类:由单元构成的柔体接触面或刚体接触面;由节点构成的接触面;解析刚体接触面。

一对相互接触的面称为"接触对",一个接触对中最多只能有一个由节点构成的接触面。如果只有一个接触面,则称为"自接触"。

ABAQUS/Standard 当中的接触对由主面和从面构成。在模拟过程中,接触方向总是主面的法线方向,从面上的节点不会穿越主面,但主面上的节点可以穿越从面。定义主面和从面时要注意以下问题:主面应选择刚度较大的面;不要求两个面的节点位置一一对应,但一一对应的话,可以得到更精确的结果;如果两个接触面的刚度相似,则应选择网格较粗的面作为主面;如果接触面在发生接触的部位有很大的凹角或尖角,应该将其分别定义为两个面;一对接触面的法线方向应该相反;主面不能是由节点构成的面,并且必须是连续的。

接触属性（Contact Property）包括两部分：接触面之间的法向作用和切向作用。对于法向作用，ABAQUS 中接触压力和间隙的默认关系是"硬接触"（Hard Contact），其含义为：接触面之间能够传递的接触压力的大小不受限制；当接触压力变为零或负值时，两个接触面分离，并且去掉相应节点上的接触约束。对于切向作用，ABAQUS 中常用的摩擦模型为库仑摩擦，即用摩擦系数来表示接触面之间的摩擦特性。

以下采用 General Contact 接触对，接触的摩擦系数为 0.65。

2.2.6　有限元模型中边界条件和加载方式

为了模拟与试验相同的加载方式与边界条件，在不等宽双连梁两端建立刚度很大的端块，在上端块左端中部设置一参考点 RP1，将 RP1 与端面进行耦合，使参考点与端块一起运动。根据试验时试件的约束条件，将下端块侧面仅放松竖向约束，上端块仅能沿着力的作用方向运动。边界条件与加载形式如图 2-4 所示。

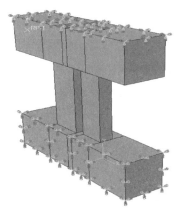

图 2-4　试件模型边界条件及
加载方式

2.2.7　有限元模型中求解控制和分析部设置

从本质上讲固体力学问题都是非线性的，线性假设只是我们解决实际问题时为简便而简化的一种方法，通常在解决线弹性体系问题时，假设节点位移一般是无限小，材料的应力与应变关系符合虎克定律；边界条件在加载时的特性保持不变。如果以上有一条不满足，就称为非线性问题。通常把非线性问题分为两种：几何非线性和材料非线性。材料非线性是指结构的非线性由材料的本构关系引起的，比如非线性弹性问题、弹塑性问题。应变和位移在材料非线性问题中都是无限小，且应力-应变关系是非线性的。如果结构的位移过大致结构体系的受力情况发生了显著变化，分析时不能采用线性体系的分析方法的称为几何非线性。

以下采用牛顿法（Newton-Raphson）进行迭代计算，它的计算步骤是将模拟划分为一定数量的载荷增量步，并在每个荷载增量步结束时寻求近似的平衡构形。对于任意一个给定的荷载增量步，大多需要若干次迭代循环后才能得到一个可以接受的解。使用自动增量步长法，可以简单而有效的求解非线性问题，若连续两个增量步小于等于 5 次迭代即收敛，则软件自动将增量提高 50%，为避免增量步过大而造成收敛困难，可以限制最大增量步长。如果经过 16 次迭代求解仍不产生收敛，系统自动便放弃当前增量步，并将增量步减小为原来的 1/4 再次计算，用较小的荷载增量步来寻找能够收敛的结果。在系统默认终止分析之前，最多允许 5 次减小增量步的值。牛顿法（Newton-Raphson）的收敛性好，如果出现软化塑性问题时，刚度矩阵发生奇异或病态，造成求解刚度矩阵出现困难。材料模型软化，将会导致收敛的难度更大，为了克服模型软化，应该引入一个黏性系数，使刚度矩阵成为非奇异或减弱其病态性，这样可以使迭代能够正确地运行。

本章参考文献

[1] 石亦平,周玉蓉. ABAQUS有限元分析实例详解 [M]. 北京:机械工业出版社,2006.

[2] 庄苗,张帆,岑松. ABAQUS非线性有限元分析与实例 [M]. 北京:科学出版社,2005.

[3] 曹金凤,石亦平. ABAQUS有限元分析常见问题解答 [M]. 北京:机械工业出版社,2009.

[4] 王玉镯,傅传国. ABAQUS结构工程分析及实例详解 [M]. 北京:中国建筑工业出版社,2010.

[5] ABAQUS Inc. Abaqus theory manual [M]. 2007.

[6] ABAQUS Inc. Abaqus user's manual [M]. 2007.

[7] 王金昌,陈页开. ABAQUS在土木工程中的应用 [M]. 杭州:浙江大学出版社,2006.

[8] 张劲,王庆杨,胡守营,王传甲. ABAQUS损伤塑性模型参数验证 [J]. 建筑结构,2008(08):127-130.

[9] Li Ming,LiuYong,Yuan He. Force behavior of outer annular-stiffener type steel castellated beam-concrete filled steel tuber [J]. Mechanics and Materials,2013,861-864.

第3章 基于ABAQUS现浇双连梁力学性能分析

3.1 引 言

并联不等宽现浇双连梁（以下简称现浇双连梁）的荷载-位移滞回曲线及相应的骨架曲线、能量耗散系数、等效黏滞阻尼系数及延性系数，是定性和定量评价结构抗震性能的重要指标，尤其是双连梁的骨架曲线，更是进行结构大震情况下非弹性时程分析的必要条件。因此，本章将设计不同参数的并联不等宽的现浇双连梁，分析其在低周往复荷载作用下的破坏过程，定量的计算上述指标，并重点分析跨高比、框架梁厚、框架梁高、连梁厚、连梁高等参数对骨架曲线的影响，从而为评价并联不等宽现浇双连梁的抗震性能及其实际工程设计提供依据。

3.2 并联不等宽双连梁的力学性能分析

3.2.1 计算模型的设计

并联不等宽双连梁的设计主要考虑了影响梁力学性能的因素，包括跨度（L）、高度（H）、厚度、跨高比（L/H）、混凝土强度（f_c）、钢筋面积比等，详细情况列于表3-1，其中面积比为框架连梁部分连梁（简称框架连梁）和剪力墙部分连梁（简称墙中连梁）中连梁纵筋的面积比。典型模型的示意图如图3-1所示，其中设计上下端块的目的，是为了在双连梁梁端施加低周往复荷载，有限元模型如图3-2所示，现浇双连梁钢筋模型如图3-3所示。

试件列表 表 3-1

试件编号	框架连梁				墙中连梁				材料 f_c (MPa)	面积比
	跨度 (mm)	高度 (mm)	厚度 (mm)	跨高比	跨度 (mm)	高度 (mm)	厚度 (mm)	跨高比		
XJ1	1200	800	300	1.5	1200	400	200	3	14.3	2
XJ2	1200	480	300	2.5	1200	400	200	3	14.3	2
XJ3	1200	600	300	2	1200	400	200	3	14.3	2
XJ4	1200	600	300	2	1200	800	200	1.5	14.3	2
XJ5	1200	600	300	2	1200	550	200	2.2	14.3	2
XJ6	1200	600	400	2	1200	400	200	3	14.3	2
XJ6	1200	600	400	2	1200	400	200	3	14.3	2

试件编号	框架连梁				墙中连梁				材料 f_c (MPa)	面积比
	跨度 (mm)	高度 (mm)	厚度 (mm)	跨高比	跨度 (mm)	高度 (mm)	厚度 (mm)	跨高比		
XJ7	1200	600	250	2	1200	400	200	3	14.3	2
XJ8	1200	480	300	2.5	1200	400	200	3	11.9	2
X9	1200	480	300	2.5	1200	400	200	3	16.7	2
XJ10	1200	480	300	2.5	1200	400	200	3	14.3	2.5
XJ11	1200	480	300	2.5	1200	400	200	3	14.3	1.5

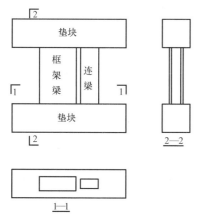

图 3-1 设计的并联不等宽双连梁

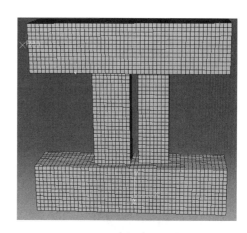

图 3-2 双连梁有限元模型

3.2.2 现浇双连梁破坏过程的分析

为分析双连梁在低周往复荷载作用下的力学性能，分别提取了其骨架曲线在屈服荷载、极限荷载和进入下降段后，承载力约为极限荷载 85% 三种情况下的钢筋的轴向应力云图、混凝土 Mises 图和最大主拉塑性应变图，分别如图 3-4（a）、（b）和（c）所示。其中混凝土的 Mises 图反映混凝土各阶段应力状况，最大主拉塑性应变图反映混凝土各阶段裂缝大小的程度，二者对应的云图可反应混凝土裂缝的发展方向与分布。

从图 3-4（a）中可以看出，屈服前在低周往复荷载作用下，框架连梁端部的混凝土 Mises 和框架连梁端部钢筋轴向应力较大，框架连梁和墙中连梁端部的最大主拉塑性应变也较大，而墙中连梁端部的钢筋轴向应力和混凝土 Mises、最大主拉塑性应变较小，由此说明，在弹性阶段，框架连梁起主要受力作用。同时，从开始加载到屈服荷载（216.4kN），这一段荷载-位移骨架曲线基本是一条直线，由此说明，现浇双连梁处于弹性阶段。

从 3-4 图（b）可以看出，在达到极限荷载时（即 250.401kN），

图 3-3 现浇不等宽双连梁配筋

框架连梁和墙中连梁的端部，混凝土 Mises 和最大主拉塑性应变均较大，二者端部钢筋的轴向应力也很大，由此说明，在达到极限状态时，框架连梁和墙中连梁能够协同工作。此时，现浇双连梁处于弹塑性阶段。

从图 3-4（c）中可以看出，在达到破坏荷载（即 85％极限荷载），此时，承载力为（212.028kN）。框架连梁的混凝土 Mises 和钢筋的轴向应力和最大主拉塑性应变较均匀，而墙中连梁的最大主拉塑性应变端部较大，但相差不是很明显，由此说明，在达到极限荷载后，框架连梁和墙中连梁，在一定程度上也可以协同工作。这时荷载—位移骨架曲线出现下降段，这一阶段表现出更大的非线性性质，存在较大的塑性变形。

3.2.3　荷载-位移滞回曲线的特点分析

结构或构件在低周反复荷载作用下得到的荷载-变形曲线称为滞回曲线。结构或构件在往复变化的荷载作用下每经过一个循环，在加载时，结构吸收能量，卸载时，结构释放能量，能量差值为结构或构件在一个荷载循环内耗散的能量，即一个滞回环所包含的面积。因此，滞回环的形状和大小可直接反映结构或构件的耗能能力，滞回环面积越大，则构件的耗能能力越好。滞回曲线能够反映结构或构件的变形特征、延性性能、刚度退化、耗能能力和强度衰减等特性，是确定恢复力模型和进行非线性地震反应分析的主要依据。

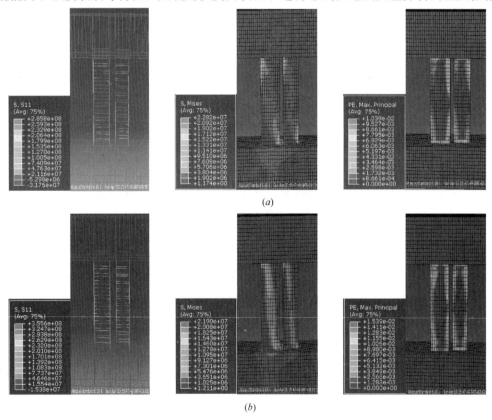

图 3-4　钢筋的轴向应力云图、混凝土 Mises 图和最大主拉塑性应变图（一）
（a）屈服荷载对应的钢筋应力（左）、混凝土 Mises 图（中）及最大主拉塑性应变图（右）；
（b）极限荷载对应的钢筋应力（左）、混凝土 Mises 图（中）及最大主拉塑性应变图（右）

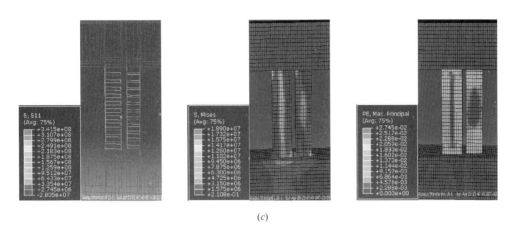

(c)

图 3-4 钢筋的轴向应力云图、混凝土 Mises 图和最大主拉塑性应变图（二）

(c) 85%极限荷载对应的钢筋应力（左）、混凝土 Mises 图（中）及最大主拉塑性应变图（右）

本章利用大型有限元软件 ABAQUS 模拟的 11 个并联不等宽现浇双连梁在低周往复作用下的荷载-位移（P-Δ）滞回曲线结果表明，各种参数的滞回曲线较饱满，没有明显的捏缩现象和刚度退化现象，由此说明并联不等宽现浇双连梁具有较好的耗能能力。

3.2.4 荷载-位移滞回曲线的骨架曲线及影响因素

在低周往复荷载作用下，试件或结构的荷载变形曲线每次达到的峰值点所连成的包络线即为骨架曲线。骨架曲线在形状上与一次单向加载曲线大体相似，但极限荷载略低。研究试件或结构的骨架曲线是非弹性地震反应的重要依据，能够反映结构或构件在往复荷载作用下不同阶段的力学特征（如刚度、强度、延性和耗能能力等）。骨架曲线也是确定结构或构件恢复力模型中特征点（如极限荷载和位移、屈服荷载和位移等）的重要依据。以下将根据 XJ1～XJ11 骨架曲线的计算结果，分析影响骨架曲线的因素。

（1）框架连梁跨高比 α 影响。图 3-5 表示在保持其他参数不变的情况下，框架连梁跨高比不同时在低周往复荷载作用下 XJ1、XJ3、XJ2 的骨架曲线。其中 XJ1、XJ3、XJ2 框架连梁的跨高比分别为 1.5、2、2.5。从图中可以看出，随着框架连梁跨高比的增加，并联双连梁的承载力的峰值逐渐下降。跨高比由 1.5 变化到 2.5，承载力峰值约下降 39%，

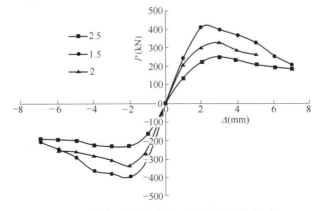

图 3-5 框架连梁跨高比对骨架曲线的影响

由此说明框架连梁的跨高比是影响并联双连梁承载力的一个重要参数。

（2）墙中连梁跨高比 β 影响。图 3-6 表示其他参数不变的情况下，墙中连梁不同跨高比下低周往复荷载作用下的骨架曲线。试件 XJ3、XJ5、XJ4 墙中连梁跨高比分别为 3、2.2、1.5。从图中可以看出，试件 XJ3 和试件 XJ5 比较，墙中连梁高度从 400mm 增加到 550mm，承载力约增加 1.6%，幅度不是很大。试件 XJ3 和试件 XJ4 比较，连梁高度增加到 800mm，承载力增大约 16%。说明连梁的跨高比也是一个比较重要的参数。

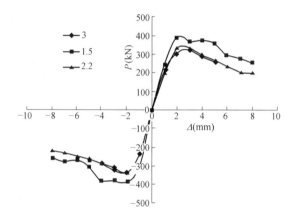

图 3-6　墙中连梁跨高比对骨架曲线的影响

（3）框架连梁厚度 d 影响。图 3-7 表示其他参数不变的情况下，框架连梁不同厚度下低周往复荷载作用下的骨架曲线。试件 XJ7、XJ3、XJ6 框架连梁厚度分别为 250mm、300mm、400mm。随着框架连梁厚度增加，承载力提高不大，同时，框架梁厚度对骨架曲线弹性阶段线刚度基本没有影响。但从其滞回曲线可知，试件 6 的滞回环面积最大，说明其抗震性能较试件 XJ3、XJ7 好。由此说明，框架梁厚度对并联双连梁的耗能能力有一定影响，而对承载力影响不大。

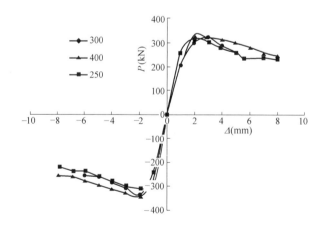

图 3-7　框架连梁厚度对骨架曲线的影响

（4）混凝土强度 γ 影响。图 3-8 表示其他参数不变的情况下，混凝土强度不同时低周往复荷载作用下的骨架曲线。试件 XJ8、XJ2、XJ9 混凝土强度分别为 C25、C30、C35。

随着混凝土的强度增加，承载力略有提高。C25 到 C30 承载力增加约 8%，C30 到 C35 承载力增加约 8%。由此可见，混凝土强度对并联双连梁承载力有一定影响，但影响程度不大。

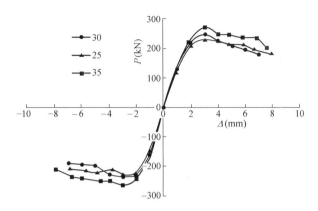

图 3-8　混凝土强度对骨架曲线的影响

（5）钢筋面积比 s 影响。图 3-9 表示其他参数不变的情况下，钢筋面积比不同时低周往复荷载作用下的骨架曲线。试件 XJ11、XJ2、XJ10 两梁的钢筋面积比为 1.5、2、2.5。随着钢筋面积比增加，承载力提高，同时，钢筋面积比越大，屈服之后，承载力下降速度越缓。由此可见，钢筋面积比对并联双连梁承载力也有一定影响，但影响程度不大。

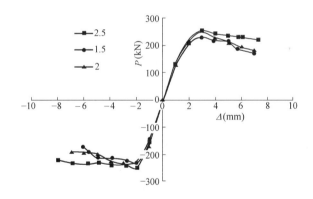

图 3-9　钢筋面积比对骨架曲线的影响

3.2.5　现浇双连梁的延性分析

延性是指结构或构件破坏之前，强度或承载力无显著下降的条件下经受塑性变形能力。在地震作用下，结构发生反复侧移时，地震能量通过构件的塑性变形来得到消散，抗震设计的目的则是控制结构或构件的塑性变形，防止结构或构件发生严重的脆性破坏和倒塌，故延性是评价耗能能力的一个重要指标。延性好的结构，结构或构件的某个截面的后期变形能力大，在达到屈服或最大承载能力状态后仍能吸收一定量的能量，能避免结构或构件的脆性破坏的发生。

对于具有明显拐点的荷载-位移骨架曲线，取拐点对应的荷载为屈服荷载 P_y，该点对应的位移为屈服位移 Δ_y；对于无明显拐点的荷载-ξ 位移骨架曲线，本章根据"通用屈服弯矩法"测定试件的屈服点，测定方法如图 3-10 所示：过原点 O 做 P-Δ 曲线的切线与最高点的水平线相交于 B，过 B 点做垂线与骨架曲线交于点 A，再将 OA 延长并与最高点水平线相交于 C 点，再由 C 点做垂线与骨架曲线交于点 E，E 点即为试件的屈服点。试件的峰值荷载记为 P_{max}，在下降段达到 P_{max} 的 85% 时的荷载定义为 P_u，对应的位移是 Δ_u，即峰值荷载的 0.85 倍，P_u 是破坏荷载，Δ_u 是极限位移。延性系数 μ 就是通过极限水平位移和屈服水平位移比值得到的，见式（3-1）。

$$\mu = \Delta_u / \Delta_y \tag{3-1}$$

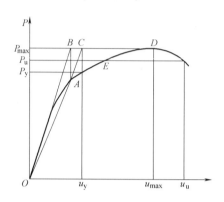

图 3-10　屈服点的确定

试件的屈服位移通过"通用屈服弯矩法"计算，各试件的位移延性系数详见表 3-2。

试件的延性系数

表 3-2

试件编号	屈服位移（mm）	极限位移（mm）	延性系数
XJ1	1.8	4.3	2.38
XJ2	2.2	5.5	2.5
XJ3	2	4.9	2.45
XJ4	1.7	4.8	2.82
XJ5	1.8	3.9	2.2
XJ6	1.9	5.9	3.1
XJ7	1.8	3.9	2.2
XJ8	2.1	5.4	2.52
XJ9	2.3	5.7	2.47
XJ10	2.1	6.1	2.9
XJ11	2.1	5.3	2.52

对于混凝土结构延性系数一般不小于 2。所以，上述构件都具有较好的延性。

3.2.6　现浇双连梁的耗能性能分析

在低周往复荷载作用下，现浇双连梁每经过一个循环，加载时吸收能量、卸载时释放能量，二者组成一次循环，图 3-11 为一个完整的滞回环。能量耗散系数（E_c）是垫块端部荷载-位移关系的一个滞回环的总能量（S_{ABCD}）与弹性能（$S_{OFD}+S_{OEB}$）的比值，见式（3-2），其中 S 表示其下标对应字母所围成的区域面积。等效阻尼黏滞系数（h_e）为能量耗散系数与 2π 的比值，见式（3-3），二者均可用来衡量结构构件的耗能能力。

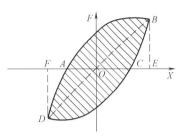

图 3-11　滞回环示意图

　　耗能能力作为评价并联不等宽现浇双连梁力学性能的一个重要指标，通过式（3-2）计算了表 3-1 设计构件的等效黏滞阻尼系数 h_e 和能量耗散系数 E_d，其中等效黏滞阻尼系数仅仅反映构件滞回环的饱满程度，与承载力没有多大关系，计算结果见表 3-3。从表 3-3 中可以看出，各个模型试件的等效阻尼黏滞系数在 0.25～0.41 之间，能量耗散系数都在 1.6 以上，而钢筋混凝土的等效黏滞阻尼系数在 0.1 左右，能量耗散系数在 0.63 左右，由此说明并联不等宽现浇双连梁具有良好的耗能能力。

$$E_C=\frac{S_{ABCD}}{S_{OFD}+S_{OEB}} \tag{3-2}$$

$$h_e=E_c/2\pi \tag{3-3}$$

耗能计算表　　　　　　　　　　　　　　　　　　　　　　表 3-3

试件编号	等效黏滞阻尼系数	能量耗散系数
XJ1	0.33	2.09
XJ2	0.26	1.65
XJ3	0.32	2.06
XJ4	0.35	2.25
XJ5	0.33	2.09
XJ6	0.41	2.61
XJ7	0.33	2.12
XJ8	0.27	1.7
XJ9	0.29	1.8
XJ10	0.28	1.75
XJ11	0.25	1.6

3.2.7　现浇双连梁的刚度退化分析

　　刚度退化系数是评价结构或构件抗震性能的一个重要指标，为研究结构或构件的地震反应，常用割线刚度来代替切线刚度。本章采用环线刚度来表示结构在低周往复荷载作用下的刚度退化特性。模拟中，试件刚度用取每半圈荷载变化和位移变化之比。试件刚度计算如图 3-12 所示，其中 K_i 为刚度退化系数，P_A、P_B 是峰值点的荷载值，Δ_A、Δ_B 是峰值点的位移值。通过计算得到的各组试件在不同加载周数下刚度变化如图 3-13 所示。

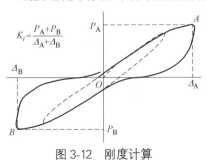

$$K_i=\frac{P_A+P_B}{\Delta_A+\Delta_B}$$

图 3-12　刚度计算

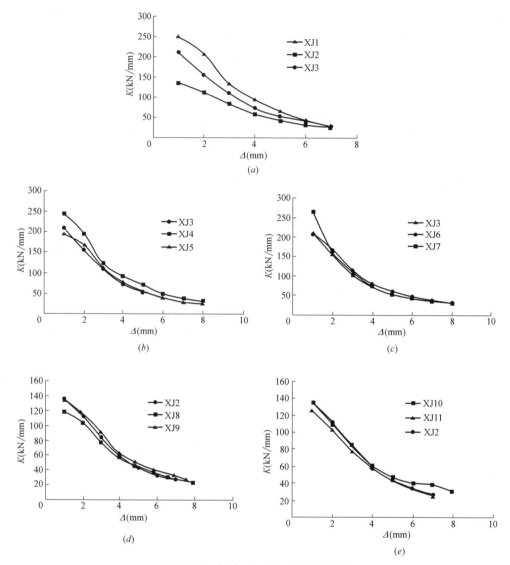

图 3-13　各试件的刚度退化示意图

（a）框架连梁不同跨高比的刚度变化；（b）墙中连梁不同跨高比的刚度变化；（c）框架连梁厚度不同的
刚度变化；（d）混凝土强度不同的刚度变化；（e）钢筋面积比不同的刚度变化

　　从图 3-13（a）可以看出，各试件的初始刚度不同，试件 XJ1 的初始刚度大于试件 XJ2、XJ3 的刚度，可见框架连梁的跨高比减小可以提高初始刚度。随着水平位移增大，试件刚度下降，各下降的速度不同。从图 3-13（b）可以看出，试件 4 的初始刚度大于试件 XJ3、XJ5 的刚度。同时，试件 XJ4 刚度下降也比试件 XJ3、XJ5 下降的快。从图 3-13（c）可以看出，试件 XJ7 的初始刚度大于试件 XJ3、XJ6 的刚度，但其刚度下降速度基本一致。在试件开裂前，刚度基本无退化现象；从试件开裂到试件屈服，刚度出现刚度退化现象；当试件屈服后，试件刚度退化明显，之后随着加载循环次数与加载位移的增大，试件刚度退化现象越发严重。从图 3-13（d）可以看出，试件 XJ8 初始刚度小于 XJ2、XJ9，后期下降速度基本一致。从图 3-13（e）可以看出，试件 XJ11 初始刚度小于 XJ2、XJ10，钢筋面积比比较大的试件 XJ10 刚度退化比 XJ2、XJ11 要缓慢。

第 4 章 基于 ABAQUS 装配式双连梁力学性能分析

4.1 引　言

随着建筑工业化的推广和发展，装配式混凝土建筑结构越来越多的应用到工业与民用建筑中，随之开展研究工作也越来越多，其中，装配式混凝土结构的连接技术是重点研究内容之一。本章将通过连梁的装配方法——并联不等宽装配式双连梁（以下简称装配双连梁），计算其荷载-位移滞回曲线及相应的骨架曲线、能量耗散系数、等效黏滞阻尼系数及延性系数。通过比较该种装配式双连梁与现浇双连梁力学性能的差异，探讨此种装配方法的可行性，为今后该方面的研究提够一定的理论基础。

4.2　装配式双连梁的力学性能分析

4.2.1　装配式双连梁的装配方法

在连梁的两端与剪力墙连接位置拆分，分别制作预制连梁和与预制连梁梁端连接的预制墙；预制连梁和预制墙构件内预留孔洞，孔洞周围设置螺旋箍筋，孔洞内设置等效钢筋，通过向预制连梁和预制墙预留孔洞及灌浆缝内灌注微膨胀砂浆，使预制连梁、预制墙及等效钢筋连接为整体，装配式双连梁配筋如图 4-1 所示，装配式双连梁的装配如图 4-2 所示。

图 4-1　装配式双连梁配筋

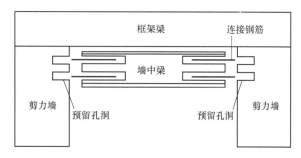

图 4-2　装配式双连梁拆分图

4.2.2　计算模型的设计

考虑梁的跨度、高度、厚度、跨高比等影响力学性能因素，设计了装配式双连梁，连梁的详细参数见表 4-1。

试件列表　　　　　　　　　　　　表 4-1

试件编号	框架连梁				墙中连梁				材料 f_c (MPa)	面积比
	跨度 (mm)	高度 (mm)	厚度 (mm)	跨高比	跨度 (mm)	高度 (mm)	厚度 (mm)	跨高比		
ZP1	1200	800	300	1.5	1200	400	200	3	14.3	2
ZP2	1200	480	300	2.5	1200	400	200	3	14.3	2
ZP3	1200	600	300	2	1200	400	200	3	14.3	2
ZP4	1200	600	300	2	1200	800	200	1.5	14.3	2
ZP5	1200	600	300	2	1200	550	200	2.2	14.3	2
ZP6	1200	600	400	2	1200	400	200	3	14.3	2
ZP7	1200	600	250	2	1200	400	200	3	14.3	2
ZP8	1200	480	300	2.5	1200	400	200	3	11.9	2
ZP9	1200	480	300	2.5	1200	400	200	3	16.7	2
ZP10	1200	480	300	2.5	1200	400	200	3	14.3	2.5
ZP11	1200	480	300	2.5	1200	400	200	3	14.3	1.5

4.2.3　装配式双连梁破坏过程的分析

为分析装配式双连梁在低周往复荷载作用下的力学性能，与现浇的双连梁受力性能形成对比。分别提取了与现浇对应的装配试件的骨架曲线在屈服荷载、极限荷载和进入下降段后、承载力约为极限荷载 85% 三种情况下钢筋的轴向应力云图、混凝土 Mises 图和最大主拉塑性应变图，分别如图 4-3（a）、（b）和（c）所示。

从图 4-3（a）中可以看出，屈服前在低周往复荷载作用下，框架连梁端部的混凝土 Mises 和框架连梁端部钢筋轴向应力较大，框架连梁的最大主拉塑性应变也较大，和墙中连梁端部、墙中连梁端部的钢筋轴向应力和混凝土 Mises、最大主拉塑性应变较小，由此说明，在弹性阶段，框架连梁起主要受力作用。此阶段装配式双连梁与现浇双连梁的情况基本一致，表明在弹性阶段这种等带钢筋的装配方式与现浇双连梁可视为等同。

从图 4-3（b）可以看出，在达到极限荷载时，框架连梁和墙中连梁的端部混凝土 Mises 和框架连梁钢筋的轴向应力均较大；墙中连梁最大主拉塑性应变和墙中连梁钢筋的轴向应力没有现浇双连梁时大。由此说明，在达到极限状态时，装配式双连梁中框架连梁和墙中连梁能够协同工作，但框架连梁在协同工作中要承担更多。可将此阶段称为装配式双连梁的弹塑性阶段。

从图 4-3（c）可以看出，当达到破坏荷载时（181.588kN），框架连梁的混凝土 Mises 和钢筋的轴向应力和最大主拉塑性应变较大，而墙中连梁的最大主拉塑性应变端角部较大，墙中连梁的混凝土 Mises、钢筋的轴向应力不是很大，但两者相差很明显。同时，装配式双连梁的墙中连梁连接部位的现浇带，将会受到很大的剪力，削弱了墙中连梁的整体性。由此说明，在达到破坏荷载后，与现浇双连梁相比，装配式双连梁框架的连梁受力较墙中连梁受力更大。

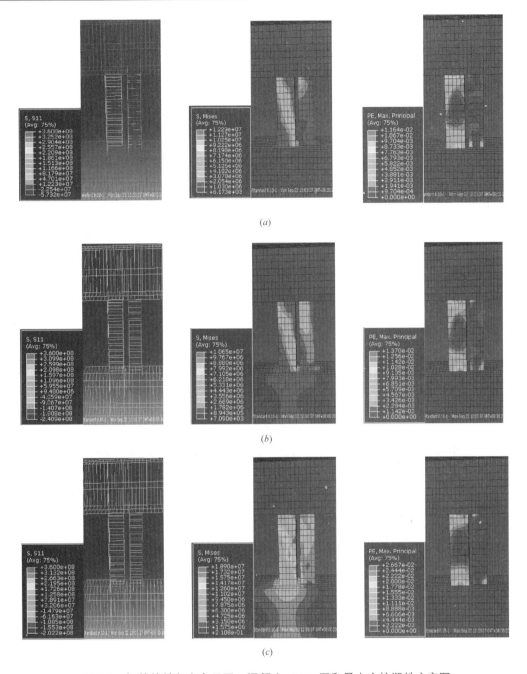

图 4-3 钢筋的轴向应力云图、混凝土 Mises 图和最大主拉塑性应变图
（a）屈服荷载对应的钢筋应力（左）、混凝土 Mises 图（中）及最大主拉塑性应变图（右）；
（b）极限荷载对应的钢筋应力（左）、混凝土 Mises 图（中）及最大主拉塑性应变图（右）；
（c）85％极限荷载对应的钢筋应力（左）、混凝土 Mises 图（中）及最大主拉塑性应变图（右）

4.2.4 荷载-位移滞回曲线的特点分析

利用大型有限元软件 ABAQUS 模拟了设计的 11 个装配式双连梁在低周往复作用下的荷载-位移（P-Δ）滞回曲线，结果表明滞回曲线虽有捏缩现象，但整体比较饱满，说明其也具有较好的耗能能力。

4.2.5　荷载-位移滞回曲线的骨架曲线及影响因素

根据对表 4-1 中试件荷载-位移滞回曲线的模拟结果，提取了相应的骨架曲线。以下将分析影响骨架曲线的因素。

（1）框架连梁跨高比 α 影响。图 4-4 表示在保持其他参数不变的情况下，框架连梁不同跨高比下低周往复荷载作用下的骨架曲线。试件 ZP1、ZP3、ZP2 框架连梁的跨高比分别为 1.5、2、2.5，随着框架连梁跨高比的增加，承载力的峰值逐渐下降。其中框架连梁跨高比对双连梁在弹性阶段影响不大。承载力峰值点过后，各试件承载力下降的速度为（ZP1＞ZP3＞ZP2）。说明框架连梁的跨高比是一个重要的影响参数。

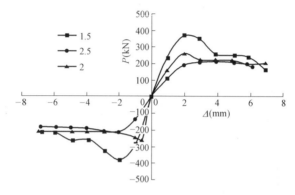

图 4-4　框架连梁跨高比对骨架曲线的影响

（2）墙中连梁跨高比 β 影响。图 4-5 表示其他参数不变的情况下，墙中连梁不同跨高比下低周往复荷载作用下的骨架曲线。试件 ZP3、ZP5、ZP4 墙中连梁跨高比分别为 3、2.2、1.5。从图中可以看出，试件 ZP3、ZP4、ZP5 对弹性阶段承载力影响不大。当承载力达到屈服以后，骨架曲线开始出现了下降段。下降的速度为 ZP5＞ZP4＞ZP3。

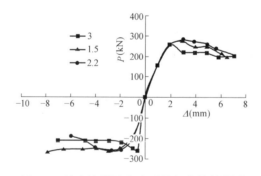

图 4-5　墙中连梁跨高比对骨架曲线的影响

（3）框架连梁厚度 d 影响。图 4-6 表示其他参数不变的情况下，框架连梁不同厚度下低周往复荷载作用下的骨架曲线。试件 ZP7、ZP3、ZP6 框架连梁厚度分别为250mm、300mm、400mm。相同位移作用下，ZP6 的承载力＞ZP3 的承载力＞ZP7的承载力。其原因可能是由于装配墙中连梁的连接部位弱于现浇连梁，导致装配式双连梁的框架连梁要承担更大的力。同时，装配式双连梁的框架连梁越厚，会使得

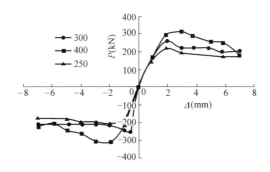

图 4-6 框架连梁厚度对骨架曲线的影响

构件整体的承载力越高。

（4）混凝土强度 γ 影响。图 4-7 表示其他参数不变的情况下，混凝土不同强度下低周往复荷载作用下的骨架曲线。试件 ZP9、ZP2、ZP8 混凝土强度分别为 C35、C30、C25。随着混凝土强度的提高，承载力略有提高，提高幅度不是很大。

（5）钢筋面积比 s 影响。图 4-8 表示其他参数不变的情况下，两梁内不同钢筋面积比下低周往复荷载作用下的骨架曲线。试件 ZP10、ZP2、ZP11 的钢筋面积比分别为 2.5、2、1.5。从图中可以看出，钢筋面积越大，承载力越大，后期退化缓慢。

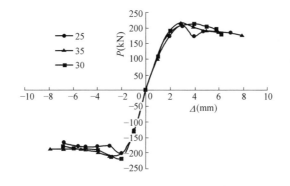

图 4-7 混凝土强度对骨架曲线的影响

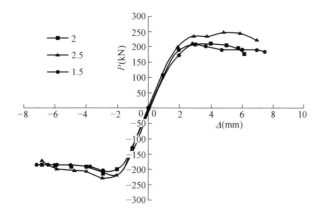

图 4-8 钢筋面积比对骨架曲线的影响

4.2.6　装配式双连梁的延性分析

构件或结构的抗震性能好坏，不仅仅取决于结构的承载能力，还取决于其延性的大小。在结构抗震性能中，延性是一个重要的特性。为分析并联不等宽装配式双连梁的延性及其与现浇双连梁的延性差别，计算了表 4-1 中所有试件的屈服位移、极限位移和延性系数，并将计算得到的结果与第 3 章的现浇双连梁的计算结果进行了对比并列于表 4-2。从表中可以看出：装配式双连梁的屈服位移在 1.8～2.4mm 之间，与现浇双连梁相比，最大相差 14.2%，最小相差 4.3%；装配式双连梁的极限位移在 3.8～6mm 之间，与现浇双连梁相比，最大相差 27.1%，最小相差 1.63%；装配式双连梁的延性系数在 1.79～2.7之间，与现浇双连梁相比，最大相差 29%，最小相差 2.2%；由此说明，装配式双连梁的延性较现浇双连梁有所降低。

试件的延性系数　　　　　　　　　　　　　　　　　　　　　表 4-2

试件编号	屈服位移（mm）	相差	极限位移（mm）	相差	延性系数	相差
ZP1/XJ1	2/1.8	11%	4.5/4.3	4.6%	2.25/2.38	2.2%
ZP2/XJ2	2.4/2.2	9%	5.3/5.5	3.6%	2.2/2.5	12%
ZP3/XJ3	1.8/2	10%	3.8/4.9	22.4%	2.1/2.45	14.2%
ZP4/XJ4	1.8/1.7	5.8%	4.2/4.8	12.5%	2.3/2.82	18.4%
ZP5/XJ5	1.9/1.8	5.5%	4.4/3.9	12.8%	2.3/2.2	4.5%
ZP6/XJ6	2/1.9	5.2%	4.3/5.9	27.1%	2.2/3.1	29%
ZP7/XJ7	2/1.8	11%	4.1/3.9	5.1%	2/2.2	9%
ZP8/XJ8	2.4/2.1	14.2%	4.3/5.4	20.3%	1.79/2.52	28.9%
ZP9/XJ9	2.4/2.3	4.3%	5.9/5.7	3.5%	2.45/2.47	8%
ZP10/XJ10	2.2/2.1	4.7%	6/6.1	1.63%	2.7/2.9	6.8%
ZP11/XJ11	2.4/2.1	14.2%	5.2/5.3	1.8%	2.2/2.52	12.6%

4.2.7　装配式双连梁的耗能性能分析

本章试件建立的模型是基于第 3 章试件的尺寸，区别在于墙中连梁端部与墙的连接部位。为分析并联不等宽装配式双连梁的耗能性能及其与现浇双连梁的耗能性能差别，耗能性能计算同第 3 章，计算了表 4-1 中所有试件的等效黏滞阻尼系数和能量耗散系数，并将计算得到的结果与第 3 章现浇双连梁的计算结果进行了对比。对比情况列于表 4-3，从表中可以看出：装配式双连梁的能量耗散系数在 1.5～2.13 之间，与现浇双连梁相比，最大相差 24%，最小相差 4.7%；装配式双连梁的等效黏滞阻尼系数在 0.23～0.34 之间，与现浇双连梁相比，最大相差 21.8%，最小相差 6%，由此说明，装配式双连梁的等效黏滞阻尼系数和能量耗散系数都小于相应的现浇双连梁。说明装配式双连梁具有一定耗能能力，但现浇双连梁的耗能能力要好于相应装配式双连梁的耗能能力。

	耗能计算表			表 4-3
试件编号	等效黏滞阻尼系数	相差	能量耗散系数	相差
ZP1/XJ1	0.3/0.33	9%	1.9/2.09	9%
ZP2/XJ2	0.24/0.26	7.6%	1.52/1.65	7.8%
ZP3/XJ3	0.25/0.32	21.8%	1.57/2.06	23.7%
ZP4/XJ4	0.29/0.35	17.1%	1.84/2.25	18%
ZP5/XJ5	0.31/0.33	6%	1.99/2.09	4.7%
ZP6/XJ6	0.34/0.41	17%	2.13/2.61	18.3%
ZP7/XJ7	0.26/0.33	21.2%	1.61/2.12	24%
ZP8/XJ8	0.25/0.27	7.4%	1.6/1.7	5.8%
ZP9/XJ9	0.27/0.29	6.8%	1.7/1.8	5.5%
ZP10/XJ10	0.26/0.28	7.1%	1.65/1.75	5.7%
ZP11/XJ11	0.23/0.25	8%	1.5/1.6	6.25%

4.3 现浇双连梁与装配双连梁的刚度退化分析

通过 3.2.7 节刚度退化计算的方法，计算了装配式双连梁的刚度退化系数，将结果与现浇双连梁进行了对比，对比结果如图 4-9 所示。从图 4-9 可以看出，现浇双连梁初始刚度均大于装配式双连梁的初始刚度，随着位移的逐渐增大，二者刚度均逐渐下降，但差值总体趋势表现为越来越小，最终趋于一致。说明等带钢筋这种装配式双连梁具有一定的可行性。

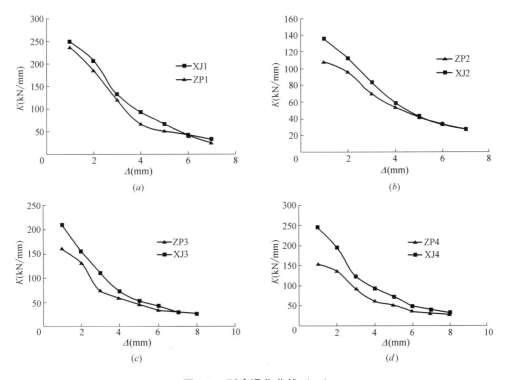

图 4-9　刚度退化曲线（一）

（a）试件 1 现浇和装配的刚度退化对比；（b）试件 2 现浇和装配的刚度退化对比；
（c）试件 3 现浇和装配的刚度退化对比；（d）试件 4 现浇和装配的刚度退化对比

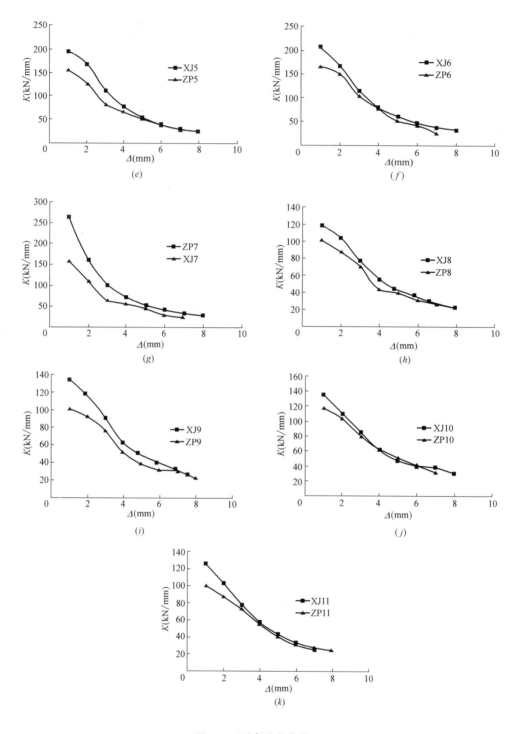

图 4-9　刚度退化曲线 (二)

(e) 试件 5 现浇和装配的刚度退化对比；(f) 试件 6 现浇和装配的刚度退化对比；

(g) 试件 7 现浇和装配的刚度退化对比；(h) 试件 8 现浇和装配的刚度退化对比；

(i) 试件 9 现浇和装配的刚度退化对比；(j) 试件 10 现浇和装配的刚度退化对比；

(k) 试件 11 现浇和装配的刚度退化对比

4.4 现浇双连梁与装配式双连梁的骨架曲线对比分析

为分析装配式双连梁和现浇双连梁的骨架曲线区别，通过 3.2.4 和 4.2.5 节得到的骨架曲线进行对比，结果如图 4-10 所示。

从图 4-10（a）骨架曲线可以看出，试件屈服前，ZP1 与 XJ1 均处于弹性阶段，荷载-位移曲线呈线性变化。随着位移不断增加，荷载-位移渐渐呈非线性变化。XJ1 骨架曲线始终在 ZP1 骨架曲线的外侧，说明在此种情况下 XJ1 比 ZP1 承载力大，二者峰值荷载相差 12%。从图 4-10（b）骨架曲线可以看出，ZP2 与 XJ2 各阶段受力情况基本一致。说明此时试件的尺寸对现浇双梁和装配式双梁的承载力影响不大，但 XJ2 的滞回曲线面积大于 ZP1 的滞回曲线面积，说明 XJ2 抗震性能、耗能性能要优于 ZP2。从图 4-10（c）骨架曲线可以看出，XJ3 的峰值荷载（325.711kN）比 ZP3 的峰值荷载（259.907kN），承载力约增长 25%。从图 4-10（d）骨架曲线可以看出，XJ4 的峰值荷载（387.627kN）比 ZP4 峰值荷载（261.11kN），承载力约增长 47%。从图 4-10（e）骨架曲线可以看出，XJ5 的峰值荷载（334.454kN）比 ZP5 的峰值荷载（271.366kN），承载力约增长 23%。

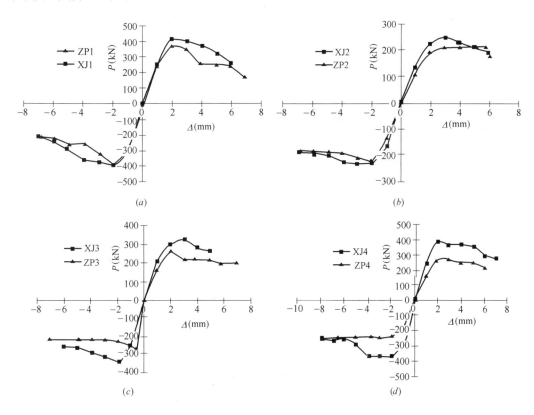

图 4-10 现浇双连梁与装配式双连梁骨架曲线对比（一）

（a）ZP1 与 XJ1 对比情况；（b）ZP2 与 XJ2 对比情况；（c）ZP3 与 XJ3 对比情况；

（d）ZP4 与 XJ4 对比情况

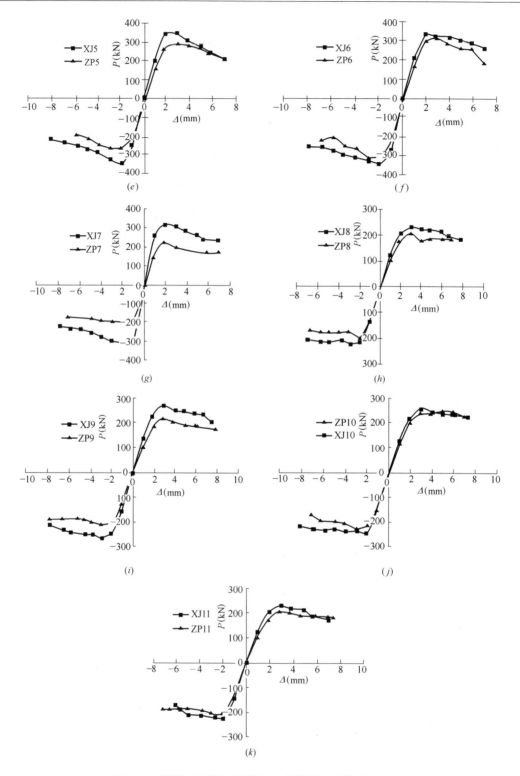

图 4-10　现浇双连梁与装配式双连梁骨架曲线对比（二）

（e）ZP5 与 XJ5 对比情况；（f）ZP6 与 XJ6 对比情况；（g）ZP7 与 XJ7 对比情况；（h）ZP8 与 XJ8 对比情况；
（i）ZP9 与 XJ9 对比情况；（j）ZP10 与 XJ10 对比情况；（k）ZP11 与 XJ11 的对比情况

从图 4-10（f）骨架曲线可以看出，在弹性阶段，ZP6 与 XJ6 受力情况基本一致。说明此时试件的尺寸对现浇双连梁和装配式双连梁的承载力影响不大。峰值荷载之后，ZP6 承载力下降要比 XJ6 要快。从图 4-10（g）骨架曲线可以看出，XJ7 的峰值荷载（317.005kN）比 ZP7 的峰值荷载（216.799kN），承载力约增长 46%。从图 4-10（h）骨架曲线可以看出，XJ8 的峰值荷载（229.5kN）比 ZP8 的峰值荷载（207.405kN），承载力约增长 9.6%。从图 4-10（i）骨架曲线可以看出，XJ9 的峰值荷载（270kN）比 ZP9 的峰值荷载（214.945kN），承载力约增长 21%。从图 4-10（j）骨架曲线可以看出，XJ10 和 ZP10 弹性阶段处于线性变化，荷载-位移曲线呈直线。从图 4-10（k）骨架曲线可以看出，XJ11 和 ZP11 各阶段趋势基本一致，但 XJ11 承载力比 ZP11 略大。

通过上述比较可以看出，装配式双连梁的峰值荷载均低于现浇双连梁，并且这种峰值荷载受框架连梁和墙中连梁的参数影响不同，其中框架连梁跨高比、墙中连梁跨高比、框架连梁厚度、混凝土强度因素影响最明显，受钢筋面积比因素影响较小，但随钢筋面积比增大，延性系数也增大。因此在设计装配式双连梁时，需要综合考虑上述因素的影响。

第5章 基于 WCOMD 连梁有限元模型的建立

5.1 引　言

由于试验需要具备一定的条件才能在试验室进行，耗费大量的人力和物力，且试验数据有限，难以形成普遍性规律，以数值计算为主的理论研究已成为一种重要的研究手段。随着计算机、数值分析和固体力学的快速发展，有限元分析已成为工程数值分析的强大工具，通过计算机模拟，我们能够更加清楚仔细的了解试验中无法测量的数据和无法观察到的细节，极大地促进了理论的分析。如今，模拟混凝土力学性能基本都采用有限元计算方法。

本章主要采用有限元模拟的方法进行研究，对有限元软件的选择、有限元模拟方法的建立（包括选用材料的本构关系、单元类型、网格划分方法、荷载及边界条件）进行介绍，并将通过模拟已有的试验试件对有限元方法进行检验。

5.2 有限元软件的选择

在 ABAQUS 中，混凝土结构的滞回曲线和骨架曲线下降段的捏拢过程模拟效果不是很好，即钢筋和混凝土接触面出现滑移，表现在滞回曲线上为"滑移捏拢"。对于钢筋混凝土构件而言，剪切破坏或者节点锚固区处出现破坏时，明显的"滑移捏拢"现象在滞回过程中就会体现出来，即在反向加载时，滞回曲线中存在一段刚度很小的"滑移段"。滑移段产生的原因一方面可能是由于钢筋处于反向加载滑移过程中，另一方面又可能是由于斜裂缝处于闭合过程中。滞回曲线中"滑移捏拢"的现象会对试件滞回耗能能力造成明显的降低。滑移现象属于客观现象，ABAQUS 可以引入弹簧单元进行模拟，但对非线性弹簧刚度的估算难度较大，同时引入更多的自由度，分析结果的理想程度和建模的精细程度关系已经不大。

东京大学混凝土研究室开发的钢筋混凝土结构物的分析程序 WCOMD 基于混凝土相关的许多试验和理论验证结果，运用高精度的构成规则，可精确地进行生成裂缝的各类钢筋混凝土结构物的二维非线性动力分析/静力分析。UC-win/MESH 是一个用于创建和编辑网格数据的工具，在确认结构模型形状的同时，可进行作业，并在三维空间中确认是否做成了正确的结构模型，更加简化了通常 RC 结构物的分析模型，UC-win/WCOMD 是用来进行结构分析的工具，这两个应用程序彼此承接相连，所有的模型参数、材料参数、模型的有限元划分由用户自定义完成，软件内部集成了多种材料非线性本构模型以及丰富的求解模块，解答范围囊括结构工程中的各个方面，用户可以根据自己的需要选择模块。收敛计算采用 Newton-Raphson 算法和修正 Newton-Raphson 法组合的手法。默认迭代次数为 12 回，收敛判定依据正规化的残差力规范及其对应的位移规范进行。如图 5-1 所示，WCOMD 的纤维单元选取中部的一个高斯积分点求解单元刚度矩阵，边界为线性位移协调函数，同时每个单元的曲率沿长度方向保持不变。通过使用这个分析软件，可以准确地分析裂缝。模拟结果不仅可以获取最大位移或应变信息，还可以获取每个分析步的计算结果。这个软件使模拟的目标更合适，结构的设计更加合理。

WCOMD 是采用二维平面应变纤维模型进行分析，与 ABAQUS 实体模型的区别主要是截面行为的积分：ABAQUS 实体模型基于材料单轴应力-应变骨架曲线，但 WCOMD 给出了多轴作用下应力偏平面的屈服准则，截面应力积分考虑多轴作用。建模方式的处理：ABAQUS 实体模型可以分别查看混凝土损伤和钢筋屈服情况基于采用分离式建模的方法，而纤维模型则是将钢筋弥散在混凝土中构成组合截面。

本软件主要是针对钢筋混凝土而设计，特别是其在混凝土试验室研究出的混凝土本构关系模型成果显著，其准确度不仅考虑了日本在内，而且也包含其他海外国家混凝土本构关系的情况，因此本章选用 WCOMD 模拟分析。

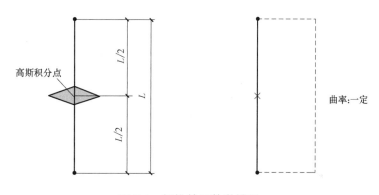

图 5-1　纤维单元数学模型

5.3　有限元模拟方法的建立与验证

5.3.1　材料的本构关系模型

WCOMD 内置了日本《道路桥示方书》的混凝土单轴骨架曲线方程如图 5-2 所示，用户只需给出峰值应力和峰值应变即可。峰值应变由式（5-1）给出。

$$\varepsilon'_{\text{peak}} = 447.2\ \sqrt{f'_c} \times 10^{-6} \qquad (5\text{-}1)$$

式中　$\varepsilon'_{\text{peak}}$——峰值应变；

　　f'_c——混凝土单轴受压极限强度，由材料试验给出。

一般认为混凝土受拉开裂后立即退出工

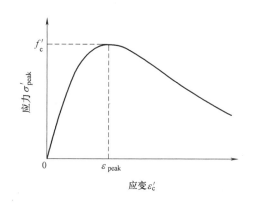

图 5-2　混凝土单轴受压本构模型

作，裂缝处则完全由钢筋承担。但相邻裂缝之间的混凝土与钢筋仍会继续相互作用，受拉

43

混凝土不能立即退出工作，仍然有一部分残余强度（图 5-3）。为了考虑混凝土的受拉强化以及与钢筋的相互作用关系，引入受拉刚度强化因子 C 来表达混凝土受拉软化，曲线方程由式（5-2）给出。

$$\sigma_t = f_t(\varepsilon_{tu}/\varepsilon_t) \tag{5-2}$$

WCOMD 钢筋的材料模型如图 5-4 所示，为了反映混凝土附着于钢筋表面的相互作用，考虑裂缝开展处的钢筋应力采用硬化模型。在混凝土未出现开裂前，钢筋始终保持在弹性阶段。钢筋屈服后采用硬化模型，此硬化模型考虑了屈服时截面的平均应力、混凝土的强度、配筋率、钢筋与裂缝的夹角等参数如图 5-4 中的 K_p，K_y，K_h，K_a，K_c，K_k。

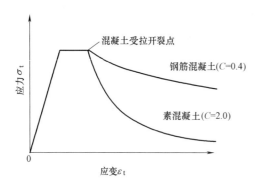

图 5-3 混凝土单轴受拉本构模型

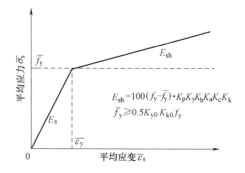

图 5-4 钢筋本构模型

为了直观地体现试件中裂缝的发展，WCOMD 采用弥散裂缝模型和分散裂缝模型相结合的分析方法。采用分散裂缝模型考虑裂缝的产生，当单元的最大标准应力达到开裂强度后裂缝产生，此时单元出现了不连续的位移场。对于裂缝处局部不连续且对裂缝发展影响较大的边界，采用微观的弥散裂缝模型，利用单元平均应力-应变关系考虑开裂以外的钢筋和混凝土相互作用区域的塑性行为。

5.3.2 材料的定义属性

所做模拟的试件，很多已经做成试件，即将开展试验研究。因此，在模拟时，选择的材料属性为这些试件的实测强度。试件的材料属性中，本章所模拟试件一共使用三种材料属性，截面变化一次，具体如下：

混凝土在软件程序中都有自带的混凝土本构关系模型，只需要输入模拟的混凝土抗压强度值即可，操作十分简便。根据混凝土材料试验，试件采用 C25 号混凝土，输入强度 12.1MPa。

钢筋与混凝土材料类似，只需要输入所模拟试件中钢筋的屈服强度。根据钢筋拉拔材料试验，三级钢的屈服强度为 341MPa，试件中是通过设置每个网格中的水平方向和竖直方向的钢筋配筋率来实现试件中钢筋的材料配置。

钢板在对试件加载过程中，为防止集中荷载压坏混凝土加载点，在混凝土施加水平荷载处设置钢板，用来保护混凝土。钢板的材料属性设置中，在弹性材料里配置足够的刚度即可。

软件在连梁与垫块的结合面处即截面厚度发生变化的情况下，需设置 RC Joint 来定义钢筋混凝土试件变截面处的连接情况。根据此 Joint 要素，表现 RC 结构物的复杂行为，可正确进行接近实际的 RC 结构物的行为分析。对 RC Joint 的定义，包括接合面处材料性质，锚固钢筋直径、强度和长度等。在本章的模拟中，主要通过设置 RC Joint 来模拟连梁与垫块连接处的接合面。

5.3.3 单元的选取及网格划分

将无限自由度的问题转化成有限自由度的问题就是有限元模拟分析的本质，将连续模型转化成离散模型来分析，通过简化来得到结果，离散模型的数目越多，得到的结果就越接近实际情况，本有限元模型主要以二维图显示，同时也可以选择 3D 图以用来检查所建模型是否正确。有限元中非常重要的一步就是网格的划分，网格划分的好坏与规整程度将直接影响到计算结果的精确度。在求解过程中，网格划分尺寸越小，所得的计算结果与实际情况将会越接近，但运算的时间将会增加。因此，为了提高计算效率，可以在某些重要的部位布置较多的种子，保证计算结果的精确。对于不重要的一些区域，可以适当地减少种子的数量，从而达到既能保证计算结果精度又能保证效率。模型主要以四边形为主进行建模。网格的大小根据模型的大小视情况而定，在这里，默认每个网格的大小为 100mm×100mm，在这个基础上进行模型的建立，如图 5-5 和图 5-6 所示。

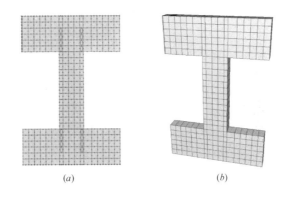

（a）   （b）

图 5-5 单连梁网格划分

（a）网格划分二维图；（b）网格划分三维图

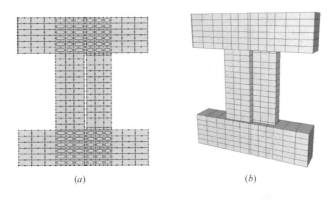

（a）   （b）

图 5-6 双连梁网格划分

（a）网格划分二维图；（b）网格划分三维图

5.3.4　边界条件及荷载施加方式

为了使模拟和试验具有相同的加载方式与边界条件，本章的边界条件可简化为在试件下端块的底面，给各节点设置水平位移和竖向位移完全约束，即端块的下部与地面固结。另外，在试件上部端块的侧面，由于试验时在侧面施加水平荷载，所以上部端块的侧面需要限制竖直方向位移，即在上部端块处仅释放 P 方向的约束，下部端块处仅释放 z 方向的约束，如图 5-7 所示。

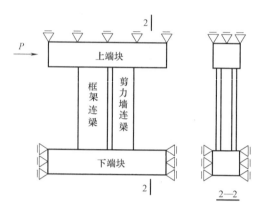

图 5-7　模型边界条件及加载方式示意图

本章研究的连梁加载方案是按照拟静力试验的加载规则进行。拟静力试验是用低速加载模拟动力反应，因为其不受应变速率的影响，经济性、实用性好，被广泛推广。它是用来研究构件或建筑结构的抗震性能应用最广泛的试验方法，可以最大限度地获取各种试验信息，如试件的损伤特征、耗能能力、变形能力、刚度退化、延性等。

力控制加载、位移控制加载以及力-位移混合加载是拟静力试验按照加载规则分的三种加载方式。

（1）位移控制加载方式是将位移作为控制量，按照有关的位移增幅进行往复循环加载，一般试验即在试件屈服后按照屈服位移的倍数进行有规律的加载，根据试验目的和研究情况不同也可以适当地改变幅值加载；

（2）力控制加载比较少使用是因为试件屈服后难以采用力来控制力幅值作为控制量进行加载；

（3）大部分采用力-位移混合控制加载的方法，即先进行力控制加载，屈服后改用屈服位移控制加载。

根据《建筑抗震试验规程》JGJ/T 101—2015 的要求，有限元模拟优先选用力-位移混合加载方式，每个阶段采用不同的加载方案。荷载控制加载的阶段主要是在试件达到屈服荷载之前采用，每级荷载值采用屈服荷载的 10%，且每个荷载等级只完成一个加载循环（包括正向加载和反向加载）即可；位移控制加载阶段主要是在试件达到屈服之后，按照屈服位移的整数倍加载，即 1Δ、2Δ、3Δ、4Δ 等分级加载，每个荷载等级完成两个循环。即加载方式是：先在上部端块处施加水平方向低周往复荷载，待试件达到屈服荷载值时再施加位移，如图 5-8 所示。

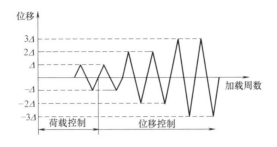

图 5-8 加载制度

5.3.5 变截面处界面接触模型

在考虑扩展区域影响分析的试件模拟中，连梁与下部端块的接触面的连接情况对其影响比较大，在此有限元材料属性定义里，有 RC Joint 一项，主要是定义钢筋混凝土试件变截面处的连接情况，包括接触面处混凝土材料，钢筋直径和强度，钢筋锚固长度等。在本章的模拟中，主要通过设置 RC Joint 来模拟装配式接触面，如图 5-9 所示。

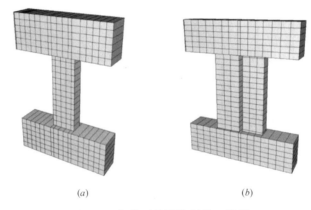

(a)　　　　　　　　　　(b)

图 5-9 变截面处网格划分三维图
(a) 单连梁变截面网格划分三维图；(b) 双连梁变截面网格划分三维图

由于目前尚未查阅到有关用 WCOMD 有限元模拟连梁试验的文献，因此为了验证损伤塑性模型中各参数的取值问题是否正确，采用上述有限元模拟方法，模拟了文献中普通配筋剪力墙现浇连梁在低周往复荷载作用下的受力过程，并将模拟结果与文献试验结果进行了比较。其中，文献中现浇剪力墙连梁的加载装置如图 5-10 所示。试件的几何尺寸及配筋如图 5-11 所示及图 5-12 所示。

图 5-13（a）、（b）分别为模拟现浇试件以及实验试件的滞回曲线与骨架曲线，图 5-14 为二者的骨架曲线对比情况，从图中可以看出，二者吻合较好，但有一定的偏差，数据存在偏差的原因在于：一方面是试验与模拟之间存在误差；另一方面是在模拟过程中采用的钢材和混凝土本构关系模型并不是文献中试验测得的钢材和混凝土应力-应变关系；同时由于试验采用往复加载的形式，会使试件产生损伤累积，所以骨架曲线的侧向刚度要小于模拟曲线的侧向刚度，实际承载力也应小于模拟值；另外，WCOMD 平面应变纤维模型对混凝土开裂后中性轴上移的处理存在数学简化。所以，对于弯矩和轴力变化较大的

47

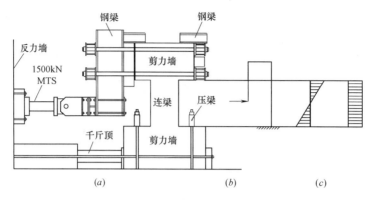

图 5-10　试件加载简图

（a）试验加载装置示意图；（b）受力简图；（c）M、V 图

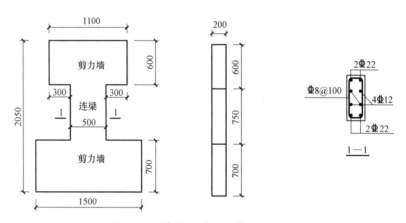

图 5-11　试件尺寸及梁截面示意图

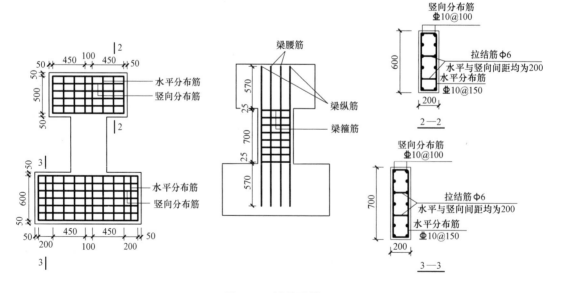

图 5-12　试件配筋图

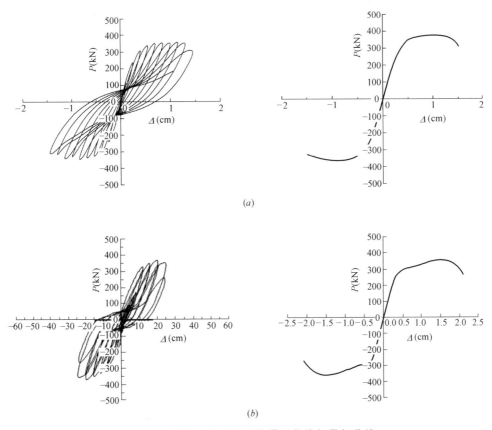

图 5-13　模拟与试验试件的滞回曲线与骨架曲线

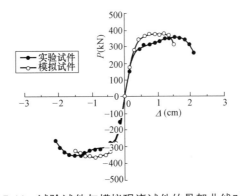

图 5-14　试验试件与模拟现浇试件的骨架曲线对比

模型分析容易出现误差。由此说明，上述有限元模拟方法具有一定的合理性，可以采用这种方法进行现浇与装配式连梁的力学性能分析。

本章参考文献

[1]　王玉镯. ABAQUS 结构工程分析及实例讲解［M］. 北京：中国建筑工业出版社，2010.

[2]　孔令俊. 大型钢筋混凝土箱涵结构拟静力实验与数值分析［D］. 西安：西安建筑科技大

学，2014.

［3］ Wu，M．-H. Numerical analysis of concrete filled steel tubes subjected to axial force. MS thesis，Dept. of Civil Engineering，National Cheng Kung Univ. Tainan，Taiwan，R. O. C. 2000.

［4］ Kawaguchi J，Morino S，Sugimoto T. Elastic-plastic behavior of concrete-filled steel tubular frames ［A］. Proceedings of an Engineering Foundation International Conference on Steel-Concrete Composite Construction Ⅲ ［C］. 1993.

［5］ 王铁成，林海，康谷贻，陈云霞. 钢筋混凝土异形柱框架试验及静力弹塑性分析 ［J］. 天津大学学报，2006，39（12）.

［6］ 邱法维，潘鹏. 结构拟静力加载实验方法及控制 ［J］. 土木工程学报，2002，35（1），1-5.

［7］ 赵鑫. 钢板混凝土连梁节点新锚固形式的试验研究 ［D］. 沈阳：沈阳建筑大学，2014.

第 6 章 基于 WCOMD 装配式连梁力学性能分析

6.1 引 言

为分析现浇以及有无考虑梁端破坏向墙内扩展装配式连梁的力学性能，参照某实际工程所使用的连梁设计方案，设计了两组等比例的连梁模型，并采用上一章有限元模拟方法，建立了三维有限元模型。其中：一组为端块厚度大于连梁厚度的 2 个单连梁（1 个现浇 1 个在梁端装配）和端块厚度等于连梁厚度的 1 个单连梁（在梁端装配），用于研究单连梁端部破坏向墙中扩展的力学性能；另一组为端块厚度大于连梁厚度的 2 个双连梁（1个现浇 1 个在梁端装配）和端块厚度等于连梁厚度的 1 个双连梁（在梁端装配），用于研究双连梁端部破坏和双连梁端部破坏向墙中扩展的力学性能。

6.2 试件的尺寸设计以及配筋详图

为详细对比分析两组对比试件的力学性能，设计的对比试件尺寸见表 6-1，试件的详细配筋图如图 6-1 所示。其中，第一组为 CC1、PC2、PC10 三个试件，其中 CC1 为端块厚度大于连梁厚度的现浇单连梁，PC2 为不考虑梁端破坏发展到扩展区域的端块厚度大于连梁厚度的装配单连梁，PC10 为考虑梁端破坏发展到扩展区域的端块厚度等于连梁厚度的装配式单连梁。第二组为 CC12、PC13、PC15 三个试件，其中 CC12 为端块厚度大于连梁厚度的现浇双连梁，PC13 为不考虑梁端破坏发展到扩展区域的端块厚度大于连梁厚度的装配式双连梁，PC15 为考虑梁端破坏发展到扩展区域的端块厚度等于连梁厚度的装配式双连梁，以上对比试件中的装配试件装配区的情况一致。以下将根据模拟结果，分析连梁的受力破坏过程，并根据提取或计算的滞回曲线、骨架曲线分析其抗震性能。

试件尺寸列表   表 6-1

试件编号	框架连梁			墙中连梁			
	跨度 L(mm)	高度 H(mm)	厚度 T(mm)	跨度 L(mm)	高度 H(mm)	厚度 T(mm)	端块厚度
CC1	1300	420	200				400
PC2	1300	420	200				400
PC10				1300	420	200	200
CC12	1300	500	300	1300	420	200	400
PC13	1300	500	300	1300	420	200	400
PC15	1300	500	300	1300	420	200	200

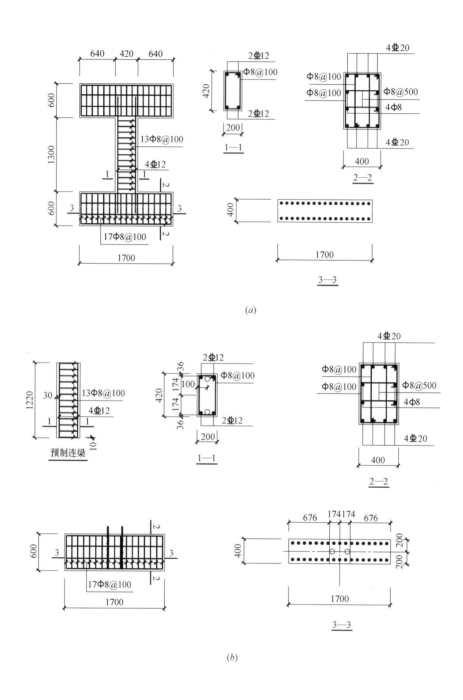

图 6-1　试件配筋详图（一）

（a）CC1；（b）PC2

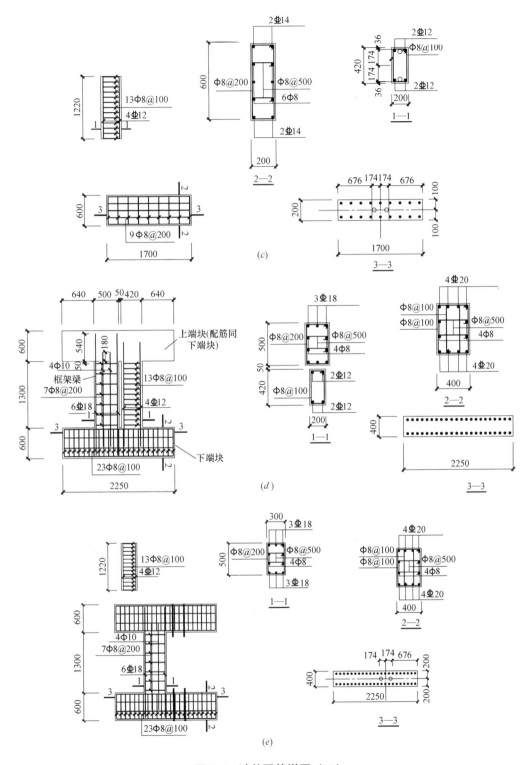

图 6-1 试件配筋详图（二）

(c) PC10；(d) CC12；(e) PC13

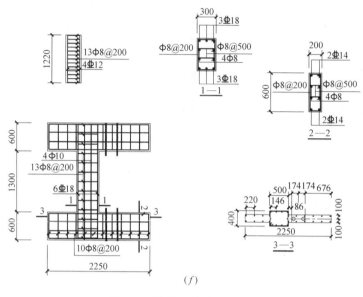

图 6-1　试件配筋详图（三）

（f）PC15

6.3　单连梁的力学性能分析

6.3.1　单连梁的受力破坏过程分析

为对比装配和现浇单连梁在低周往复荷载作用下的应力状态，提取了第一组试件的 P-Δ 骨架曲线中屈服荷载、极限荷载以及最大荷载对应的钢筋轴向应力和混凝土应力分布图，根据"通用屈服弯矩法"测定试件的屈服点，测定方法如图 6-2 所示：过原点 O 做 P-Δ 曲线的切线与最高点的水平线相交于 B，过 B 点做垂线与骨架曲线交于点 A，再将 OA 延长并与最高点水平线相交于 C 点，再由 C 点做垂线与骨架曲线交于点 E，E 点即为试件的屈服点。试件的峰值荷载记为 P_{max}，在下降段达到 P_{max} 的 85% 时的荷载定义为 P_u 对应的位移 Δ_u，即峰值荷载的 0.85 倍，P_u 是破坏荷载，Δ_u 是极限位移。图 6-2 中 P_y、P_{max}、P_u 分别为屈服荷载、最大荷载和极限荷载，Δ_y、Δ_{max}、Δ_u 分别为三者对应的位移，应力分布图如图 6-3～图 6-5 所示，表 6-2 为各试件在不同阶段时的承载力。

单连梁不同阶段时承载力　　　　　　　　　　　表 6-2

试件编号	屈服荷载（N/mm²）	峰值荷载（N/mm²）	极限荷载（N/mm²）
CC1	193	201	171
PC2	201	237	196
PC10	189	235	189

图 6-3（a）、（b）、（c）分别对应单连梁试件 CC1、PC2、PC10 屈服荷载时混凝土（上）与钢筋（下）应力分布图。从表 6-2 和图 6-3 可以看出，单连梁在达到屈服荷载后：不考虑扩展区域时，装配式单连梁与现浇单连梁相比，在钢筋应力分布上，前者钢筋应力

较大的区域主要集中于剪力墙连梁的等效钢筋，后者钢筋应力较大的区域位于连梁端部钢筋部位；在混凝土应力分布上，二者总体分布规律相似，但前者混凝土应力较大的区域在梁端分布较多，同时与连梁相接端块处也出现了应力集中现象，后者混凝土应力较大区域主要集中于连梁端部。出现上述现象的原因在于，装配式连梁的端部与端块接触，端块对连梁的约束作用不如现浇试件强，因此，在同样的荷载作用下，装配式连梁会发生较大的位移，从而引起钢筋应力的增大，但同时，也会使混凝土应力较大值的区域随之增加，混凝土应力值降低。

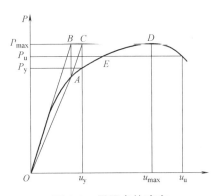

图 6-2　屈服点的确定

由此说明，单连梁在达到屈服荷载时，装配式连梁与现浇连梁相比，现浇连梁的应力集中现象更明显。

考虑扩展区域时，装配式单连梁与未考虑扩展区域装配式单连梁相比：在钢筋应力分布上，前者钢筋应力较大的区域主要集中于扩展区域中的钢筋中，后者钢筋应力较大的区域主要集中于剪力墙连梁的等效钢筋；在混凝土应力分布上，前者混凝土应力较后者低，这是由于在加载过程中，考虑扩展区域的连梁端部不会出现应力集中的现象。由此说明，单连梁在达到屈服荷载时，考虑扩展区域与不考虑扩展区域的装配式单连梁相比，前者钢筋与混凝土最大应力较后者都比较低。

图 6-4（a）、（b）、（c）分别对应单连梁试件 CC1、PC2、PC10 峰值荷载时混凝土（上）与钢筋（下）应力分布图。从表 6-2 和图 6-4 可以看出，单连梁在达到最大荷载后：不考虑扩展区域时，装配式单连梁与现浇单连梁相比，在钢筋应力分布上，二者钢筋应力分布规律比较接近，都集中在梁端与端块连接处，钢筋最大应力几乎相同；在混凝土应力分布上，二者总体分布规律相似，应力较大的区域主要分布于梁跨中，并且较均匀。出现上述现象的原因在于，在达到峰值荷载时，二者的钢筋应力均达到或接近钢筋应力的最大值，由此说明，在达到峰值荷载时，装配式单连梁与现浇单连梁相比，装配式连梁与现浇连梁的破坏过程相似，但前者的最大荷载比后者大 15.2%。

考虑扩展区域时，装配式单连梁与未考虑扩展区域装配式单连梁相比，在钢筋应力分布上，二者钢筋应力分布不同，前者钢筋应力主要集中于扩展区域中的钢筋，而后者钢筋应力依旧集中于等效钢筋，扩展区域中钢筋应力比较小；在混凝土应力分布上，二者的总体分布规律相似，但前者混凝土最大应力比较低，这是由于破坏发展到扩展区域，混凝土应力的扩散能导致梁中混凝土的破坏减缓。由此说明，单连梁达到峰值荷载时，考虑扩展区域的单连梁混凝土破坏比较缓慢，应力较低。

图 6-5 为各单连梁在破坏荷载时的试件整体破坏图（颜色越深，代表该处应力越大），软件只能提取出整体试件的破坏图。从图中可以看出，不考虑扩展区域时，现浇连梁与装配连梁的主要破坏区域都集中在连梁部分，其中前者更集中于梁端与端块相接处，后者主要集中于灌浆部位，这是因为二者的破坏均没有发展到扩展区域，受力集中在梁端，灌浆料强度比混凝土强度大，则装配试件的混凝土先于灌浆料破坏。考虑扩展区域时，试件 PC10 的端块处混凝土出现破坏现象，出现上述现象的原因在于，端块对连梁无约束作用，

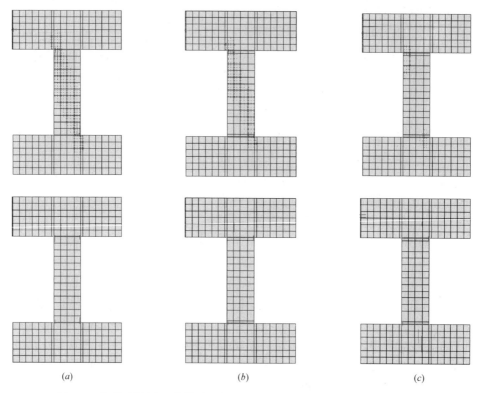

图 6-3　各单连梁屈服荷载时混凝土（上）与钢筋（下）的应力分布图

（*a*）CC1；（*b*）PC2；（*c*）PC10

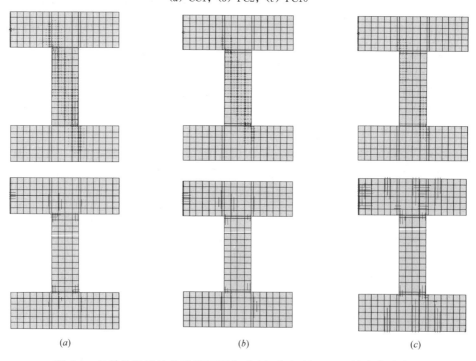

图 6-4　各单连梁峰值荷载时混凝土（上）与钢筋（下）的应力分布图

（*a*）PC1；（*b*）PC2；（*c*）PC10

连梁部分混凝土的破坏发展到端块区域使得端块部分受到较大的力作用从而造成混凝土出现破坏。

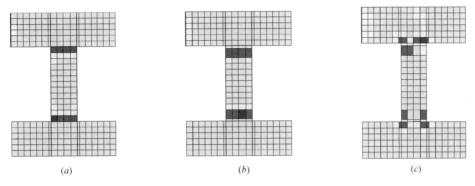

图 6-5 破坏荷载时试件的破坏图

(*a*) PC1；(*b*) PC2；(*c*) PC10

6.3.2 单连梁的抗震性能分析

(1) 滞回曲线对比分析。图 6-6 (*a*)、(*b*)、(*c*) 分别为三单连梁滞回曲线。从图中可

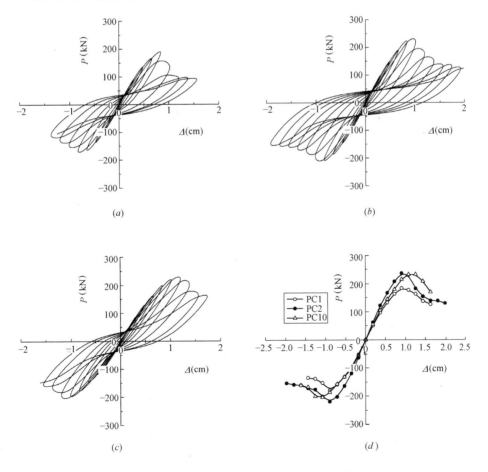

图 6-6 第一组对比试件的滞回曲线与骨架曲线

以看出，三者滞回曲线形状总体比较接近，有明显捏拢现象，并且随荷载逐步增加，滞回环捏缩现象明显，卸载刚度有退化，但与初始加载时的刚度相差比较大，随位移的增加，现浇连梁的刚度退化较装配式连梁略快，表现为滞回环的斜率降低略大，考虑扩展区域装配式连梁的刚度退化速率快，极限位移小，延性较差，原因在于不考虑扩展区域的试件下部端块的约束作用使连梁的受力变形减缓。由此说明，装配较现浇单连梁的耗能能力比较好、延性好，考虑扩展区域的装配式连梁较不考虑扩展区域的装配式连梁耗能差，延性差。

（2）骨架曲线对比分析。骨架曲线能直观的反应结构的变形、强度等性能。图 6-6（d）为第一组试件的骨架曲线的对比情况。现浇单连梁与装配式单连梁相比较，现浇连梁的屈服荷载小 3.75%，最大荷载小 15.2%，这是由于装配件的装配区灌浆料相比混凝土来说强度较高，而且等效钢筋只是在装配区那一块比较薄弱，而装配区相对来说比较小的缘故，则最大承载力高。考虑扩展区与没有考虑扩展区的试件相比，试件 PC10 的屈服荷载小 5.76%，最大荷载小 1.99%，二者均相差不大是因为连梁的受力钢筋面积相等，钢筋的屈服强度相同，又因为二者皆为装配试件，灌浆区域、灌浆料强度都一致。

从上述分析可以看出，装配式单连梁与现浇单连梁最大承载力相当，耗能能力比较好，延性也比较好，由此说明，此种装配方法在单连梁中可行。

6.4　双连梁的力学性能分析

6.4.1　双连梁的受力破坏过程分析

为对比现浇以及装配式双连梁在低周往复荷载作用下的应力状态，提取了第二组试件的装配和现浇双连梁 $P\text{-}\Delta$ 骨架曲线屈服荷载、极限荷载以及最大荷载对应的钢筋轴向应力和混凝土应力，应力分布图如图 6-7、图 6-8 所示。图 6-9 所示为各试件最大破坏程度时的破坏图。

双连梁不同阶段时承载力（kN） 表 6-3

试件编号	屈服荷载（N²/mm）	峰值荷载（N²/mm）	极限荷载（N²/mm）
CC12	442	612	451
PC13	469	655	428
PC15	458	652	451

图 6-7（a）、（b）、（c）分别对应双连梁试件 CC12、PC13、PC15 屈服荷载时混凝土（上）与钢筋（下）应力分布图。从表 6-3 和图 6-7 可以看出，双连梁在达到屈服荷载后：不考虑扩展区域时，装配式双连梁与现浇双连梁相比，钢筋最大应力约高 17%，混凝土最大应力约低 30%。在钢筋应力分布上，二者钢筋应力较大的区域都集中于剪力墙连梁下部端块中的钢筋上，但是装配式双连梁的钢筋应力比较大；在混凝土应力分布上，前者应力较大的区域主要分布较均匀，集中于框架连梁的受拉与受压区域，后者应力则在剪力墙连梁与框架连梁的受拉受压区均有出现。出现上述现象的原因在于，装配式连梁的端部与端块接触，端块对连梁的约束作用不如现浇强，因此在同样的荷载作用时，装配式连梁

会发生更大的位移，从而引起钢筋应力的增大，但同时也会使混凝土破坏区域随之增加，混凝土应力值反而降低。由此说明，双连梁在达到屈服荷载时，装配式双连梁与现浇双连梁相比，装配式双连梁中的框架梁能够分担一部分力，使剪力墙连梁中混凝土应力降低。

考虑扩展区域时，装配式单连梁与未考虑扩展区域装配式单连梁相比，在钢筋应力分布上，前者钢筋应力较大的区域主要集中于扩展区域中的钢筋中，后者钢筋应力较大的区域主要集中于剪力墙连梁的等效钢筋；在混凝土应力分布上，前者混凝土应力较后者低，这是由于在加载过程中，考虑扩展区域的连梁端部不会出现应力集中的现象。由此说明，双连梁在达到屈服荷载时，考虑扩展区域与不考虑扩展区域的装配式单连梁相比，前者钢筋与混凝土最大应力较后者都比较低。

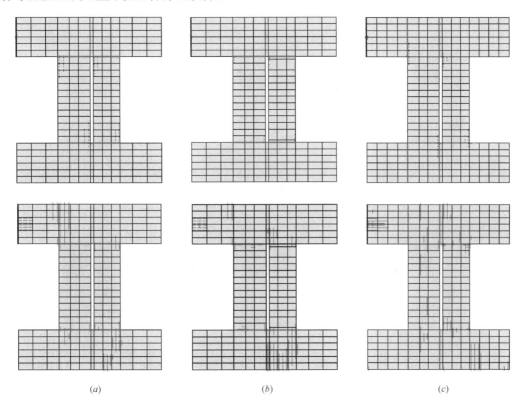

图 6-7 各双连梁屈服荷载时混凝土（上）与钢筋（下）的应力分布图
(a) PC12；(b) PC13；(c) PC15

图 6-8 (a)、(b)、(c) 分别对应双连梁试件 CC12、PC13、PC15 峰值荷载时混凝土（上）与钢筋（下）应力分布图。从表 6-3 和图 6-8 可以看出，双连梁在达到最大荷载后：不考虑扩展区域时，装配式双连梁与现浇双连梁相比，二者剪力墙连梁与框架梁中钢筋最大应力几乎相同，但是装配试件中剪力墙连梁下部端块中的钢筋应力也很大；在混凝土应力分布上，前者混凝土应力较大的区域主要分布于框架梁，并且较均匀，后者混凝土应力较大的区域由框架连梁和装配式连梁的端部同时向中间扩展。出现这种现象的原因与双连梁在达到屈服荷载时的原因相似，装配式和现浇双连梁钢筋应力接近，是因为在达到屈服位移时，二者的钢筋应力均达到或接近钢筋应力的最大值。由此说明，在达到峰值荷载

时，装配式双连梁与现浇双连梁相比，同样框架连梁分担的荷载更大，剪力墙连梁分担荷载较小，框架连梁的钢筋更容易屈服，混凝土的破坏减缓。

考虑扩展区域时，装配式双连梁与未考虑扩展区域装配式双连梁相比，在钢筋应力分布上，前者钢筋应力较大的区域主要集中于扩展区域中的钢筋中，从图中可以明显看出，梁端块中钢筋屈服的范围远大于不考虑扩展区域的梁端块钢筋，同时框架梁由于分担了较大的荷载，框架梁中钢筋屈服的范围也比较大，而不考虑扩展区域的连梁中高应力依旧集中于等效钢筋；在混凝土应力分布上，考虑扩展区域的连梁中混凝土应力比较小，同样是由于混凝土应力在扩展区域的扩散引起的。由此说明，双连梁在达到峰值荷载时，考虑扩展区域与不考虑扩展区域的装配式双连梁相比，前者钢筋与混凝土最大应力较后者都比较低。

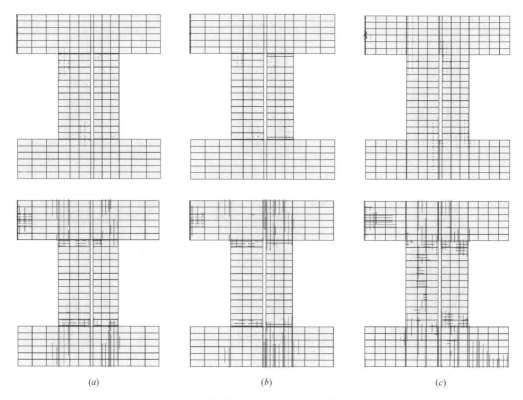

图 6-8　各双连梁峰值荷载时混凝土（上）与钢筋（下）的应力分布图
(a) PC12；(b) PC13；(c) PC15

图 6-9 为各双连梁在破坏荷载时的试件整体的破坏图，从图中可以看出：不考虑扩展区域时，现浇连梁与装配式连梁的主要破坏区域都集中在梁端部分与上部端块加载区域，其中现浇试件更集中于梁端与端块相接处，装配试件主要集中于灌浆部位的一侧，这是因为二者未考虑扩展区域，受力集中在梁端，灌浆料强度比混凝土大，则装配试件的混凝土先于灌浆料破坏。通过对装配试件对比，考虑扩展区域的试件 PC15 的框架梁与剪力墙连梁端块处混凝土均出现破坏现象，因为在达到峰值荷载时，同样框架连梁分担的荷载大，剪力墙连梁分担荷载小，同时应力在扩展区域的传递，使得端块部分受到较大的力作用从而造成混凝土出现破坏。由此说明，考虑扩展区域时，在达到极限荷载时，连梁的破坏能

够发展到扩展区域，下部端块破坏，使混凝土与钢筋应力降低。

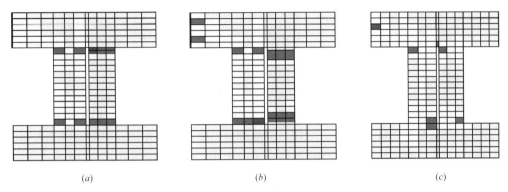

图 6-9　破坏荷载时试件的破坏图

(*a*) PC12；(*b*) PC13；(*c*) PC15

6.4.2　双连梁的抗震性能分析

（1）滞回曲线对比分析。图 6-10（*a*）、（*b*）、（*c*）为三试件的滞回曲线。从图中可以看出，现浇与装配式连梁滞回曲线形状总体比较接近，有明显捏拢现象，并且随荷载逐步增加，滞回环捏缩现象明显，卸载刚度有退化，但与初始加载时的刚度相差比较大。随位移的增加，现浇连梁的刚度退化较装配式连梁略快，表现为滞回环的斜率降低略大；同时考虑扩展区域的装配式连梁的荷载位移曲线不对称主要是加载过程中框架梁与剪力墙连梁的

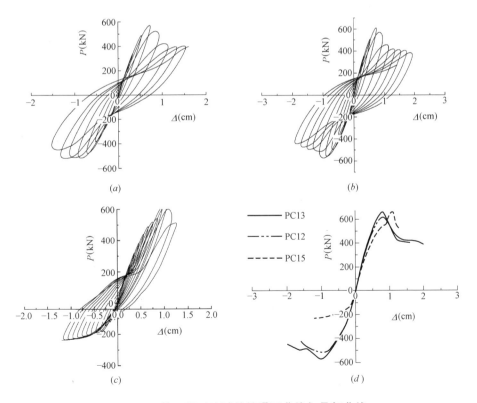

图 6-10　第二组对比试件的滞回曲线与骨架曲线

位移不一致导致的，并且刚度退化速度也比不考虑扩展区域的连梁刚度退化速度快，极限位移比较小，延性较差。由此说明，装配式双连梁的耗能能力比较好，延性好，不考虑扩展区域的装配式连梁较考虑扩展区域的装配式连梁耗能好，延性好。

（2）骨架曲线对比分析。图 6-10（d）为现浇双连梁及同尺寸装配式连梁以及有扩展区域的装配式双连梁的骨架曲线的对比情况。装配式双连梁与现浇双连梁相比较，前者屈服荷载大 3.8%，峰值荷载大 6.86%，这是由于装配试件的装配区灌浆料相比混凝土来说强度较高，而且等效钢筋只是在装配区那一块比较薄弱，而装配区相对来说比较小的缘故，由于框架连梁的存在，也可以分担一些承载力，则相比单连梁，装配式连梁的峰值承载力就高的不是太明显。考虑扩展区与没有考虑扩展区的试件相比，试件 PC15 的屈服荷载大 5.76%，最大荷载小 1.99%，二者均相差不大，是因为剪力墙连梁的受力钢筋面积相等，钢筋的屈服强度相同，又因为二者皆为装配试件，灌浆区域、灌浆料强度都一致，则二者的峰值荷载也接近。

从上述分析可以看出，装配式双连梁与现浇双连梁最大承载力相当，耗能能力比较好，延性也比较好，由此说明，此种装配方法对双连梁也可行。

第7章　基于 WCOMD 装配式连梁的力学性能影响因素分析

7.1　引　言

连梁的荷载-位移滞回曲线及相应的骨架曲线、能量耗散系数、等效黏滞阻尼系数及延性系数，是定性和定量评价结构抗震性能的重要指标，尤其是连梁的骨架曲线，更是进行结构大震情况下非弹性时程分析的必要条件。因此，本章在上一章设计模型的基础上再添加不同参数与不同连接方式的连梁，分析装配式混凝土连梁破坏后梁端向墙内的扩展情况、等效钢筋面积比（装配试件中等效钢筋与现浇试件中纵筋面积的比值）灌浆料强度、灌浆区域长度以及灌浆位置对连梁的骨架曲线以及刚度退化情况的影响，从而为评价其抗震性能及实际工程设计提供依据。

7.2　对比试件的尺寸以及配筋详图

为分析不同因素对装配式混凝土连梁的力学性能的影响，在第 3 章表 3-1 试件的基础上，又增加设计了框架连梁和墙中连梁跨度（L）、高度（H）、厚度 t、跨高比（L/H）、灌浆料强度（f_c）、等效钢筋面积比（γ）、灌浆区长度 L_0 不同的试件。试件的详细参数列于表 7-1，为便于比较，也将表 3-1 中的试件列于本表。表中 CC 代表现浇试件、PC 代表装配试件。其中 CC1、PC2、PC10、CC12、PC13、PC15 的配筋图如图 7-1 所示，典型试件配筋如图 7-1 所示。需要说明的是，试件中：CC1 与 CC9 为一组，区别在端块厚度不同；PC2 与 PC10 为一组，区别在端块厚度不同；PC2 与 PC11 为一组，区别在装配位置不同；PC3、PC4 与 PC2 为一组，区别在等效钢筋面积不同；PC5、PC6 与 PC2 为一组，区别在灌浆料强度不同；PC7、PC8 与 PC2 为一组，区别在灌浆区域长度不同；CC12 与 CC14 为一组，区别在端块厚度不同；PC13 与 PC15 为一组，区别在端块厚度不同；PC13、PC18 与 PC19 为一组，区别在等效钢筋面积不同；PC16、PC20 与 PC21 为一组，区别在灌浆料强度不同；PC17、PC22 与 PC23 为一组，区别在灌浆区域长度不同；PC13、PC16 与 PC17 为一组，区别在双连梁中剪力墙跨高比不同。

图 7-1（b）右侧为 PC11 跨中装配后的试件模型图。

对比试件尺寸列表　　　　　　　　　　　　　表 7-1

试件编号	框架连梁（mm）				墙中连梁（mm）				灌浆料强度 f_c（MPa）	等效面积比 γ	灌浆区长度 L_0（mm）
	L	H	T	L/H	L	H	T	L/H			
CC1	1300	420	200	3				400			

续表

试件编号	框架连梁（mm）				墙中连梁（mm）					灌浆料强度 f_c（MPa）	等效面积比 γ	灌浆区长度 L_0（mm）
	L	H	T	L/H	L	H	T	L/H	T			
PC2	1300	420	200	3					400	60	1	40
PC3	1300	420	200	3					400	60	0.85	40
PC4	1300	420	200	3					400	60	1.15	40
PC5	1300	420	200	3					400	80	1	40
PC6	1300	420	200	3					400	100	1	40
PC7	1300	420	200	3					400	60	1	20
PC8	1300	420	200	3					400	60	1	60
CC9					1300	420	200	3	200			
PC10					1300	420	200	3	200	60	1	40
PC11	1300	420		3					400	60	1	40
CC12	1300	500	300	2.6	1300	420	200	3	400			
PC13	1300	500	300	2.6	1300	420	200	3	400	60	1	40
CC14	1300	500	300	2.6	1300	420	200	3	200			
PC15	1300	500	300	2.6	1300	420	200	3	200	60	1	40
PC16	1300	500	300	2.6	1300	350	200	3.7	400	60	1	40
PC17	1500	500	300	3	1500	420	200	3.5	400	60	1	40
PC18	1300	500	300	2.6	1300	420	200	3	400	60	0.85	40
PC19	1300	500	300	2.6	1300	420	200	3	400	60	1.15	40
PC20	1300	500	300	2.6	1300	350	200	3.7	400	80	1	40
PC21	1300	500	300	2.6	1300	350	200	3.7	400	100	1	40
PC22	1500	500	300	3	1500	420	200	3.5	400	60	1	20
PC23	1500	500	300	3	1500	420	200	3.5	400	60	1	60

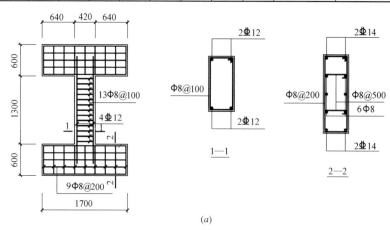

(a)

图 7-1　典型试件配筋详图（一）

(a) CC9

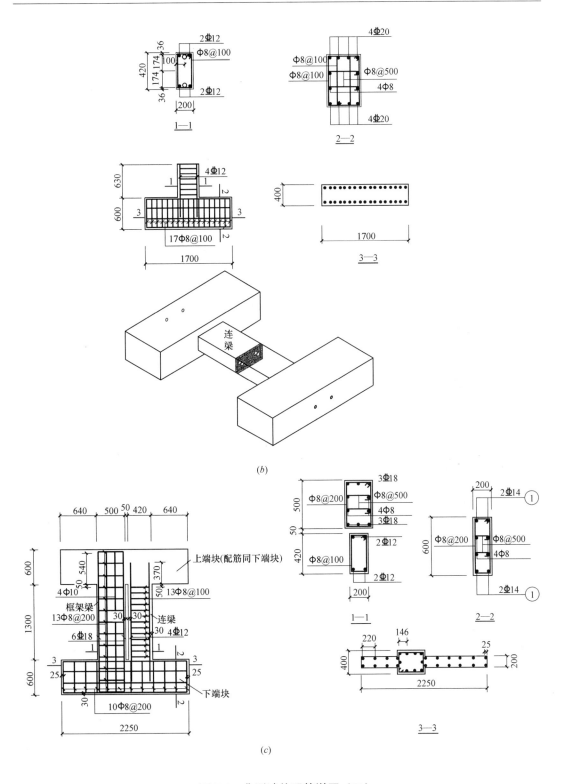

图 7-1 典型试件配筋详图（二）

(*b*) PC11；(*c*) CC14

7.3　荷载-位移滞回曲线模拟结果

滞回曲线即为结构或构件在低周往复荷载作用下得到的荷载-变形曲线。在往复变化的荷载作用下每经过的一个循环，在加载时，结构或构件吸收能量，卸载时，结构或构件释放能量，一个滞回环所包含的面积即为结构或构件在一个荷载循环内所耗散的能量被称为能量差值。因此，滞回环的形状和大小可直接反映结构或构件的耗能能力，滞回环面积越大，则构件的耗能能力越好，反之滞回环面积小，构件的耗能能力则较差。滞回曲线不仅是反映结构或构件的变形特征、延性性能、刚度退化、耗能能力和强度衰减等特性的良好依据，同时也是进行非线性地震反应分析和确定恢复力模型的主要依据。

滞回环可以归纳为四种基本形态：梭形、弓形、反 S 形和 Z 形。梭形常出现在受弯、偏压、压弯以及不发生剪切破坏的构件中；弓形反映了一定的滑移影响，有明显的捏拢效应；反 S 形反映了更多的滑移影响；Z 形反映了大量的滑移影响。

利用大型有限元软件 WCOMD 模拟的 11 个单连梁以及 12 个双连梁在低周往复荷载作用下的荷载-位移（P-Δ）滞回曲线，模拟的单连梁结果如图 7-2 所示，模拟的双连梁结果如图 7-3 所示。

由上图可以看出，本次模拟计算的单连梁与并联不等宽双连梁参数变化中，滞回曲线形状大致相同，开始施加荷载时，连梁的荷载与变形基本呈线性增长，变形非常小，结构构件处于弹性阶段，同时滞回曲线的曲率变化也很小，随着力循环次数的增加和增大，滞回环出现明显的拐点，加载和卸载曲线不像先前那样重合，而是形成反 S 形，构件开始进入弹塑性阶段，这时在荷载值增长的很慢的情况下，变形却在快速的增长。各种参数的滞回曲线受到了比较大的滑移影响，具有滑移性质。

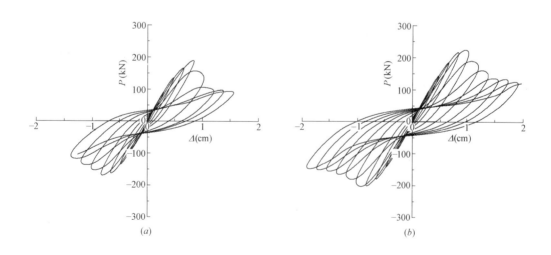

图 7-2　单连梁滞回曲线（一）

（a）CC1；（b）PC2

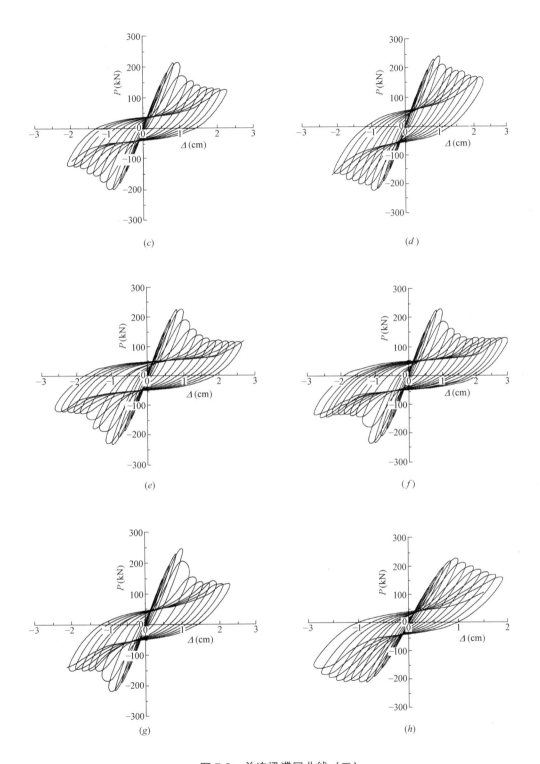

图 7-2 单连梁滞回曲线（二）

(c) PC3；(d) PC4；(e) PC5；(f) PC6 (g) PC7；(h) PC8；

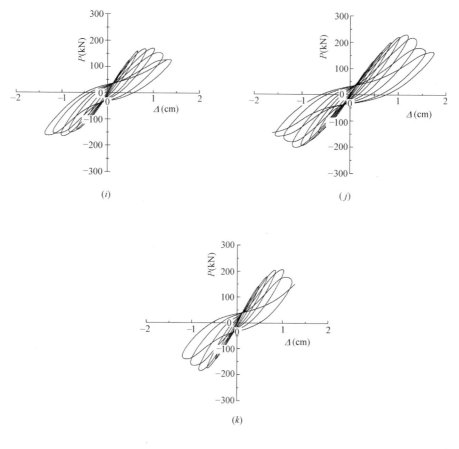

图 7-2　单连梁滞回曲线（三）

（*i*）CC9；（*j*）PC10；（*k*）PC11

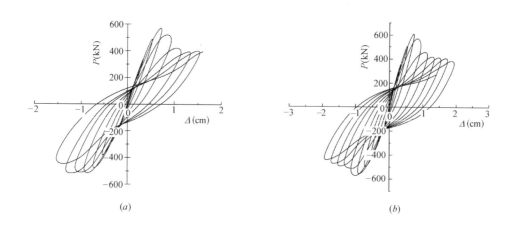

图 7-3　并联不等宽双连梁的滞回曲线（一）

（*a*）CC12；（*b*）PC13

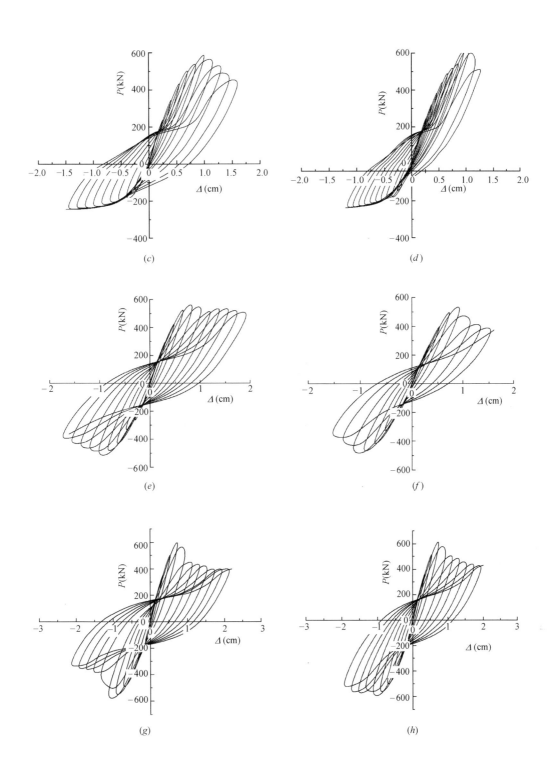

图 7-3 并联不等宽双连梁的滞回曲线（二）

(*c*) CC14；(*d*) PC15；(*e*) PC16；(*f*) PC17；(*g*) PC18；(*h*) PC19

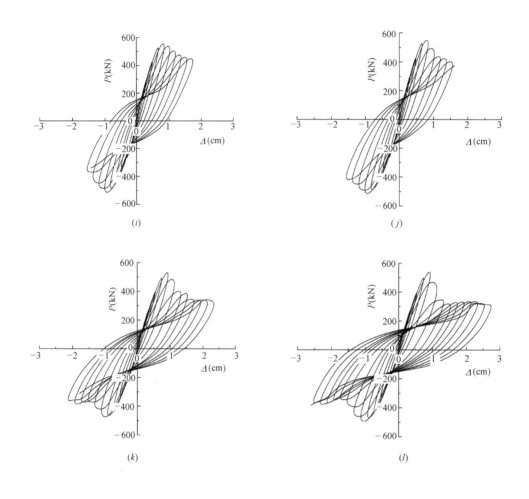

图 7-3　并联不等宽双连梁的滞回曲线（三）

（*i*）PC20；（*j*）PC21；（*k*）PC22；（*l*）PC23

7.4　荷载-位移骨架曲线模拟结果

骨架曲线即为在低周往复荷载作用下，试件或结构的荷载变形曲线每次达到的峰值点所连成的包络线。骨架曲线在形状上大体与上一次单向加载曲线相似，但极限荷载略低。骨架曲线是研究试件或结构的非弹性地震反应的重要依据，骨架曲线不仅能够反映结构或构件在往复荷载作用下不同阶段的力学特征（如刚度、强度、延性和耗能能力等），同时还能够确定结构或构件恢复力模型中特征点（如极限荷载和位移、屈服荷载和位移、峰值荷载与位移等）的重要依据。根据对表 7-1 中试件的荷载-位移滞回曲线的模拟结果提取的单连梁骨架曲线如图 7-4 所示，双连梁骨架曲线如图 7-5 所示。

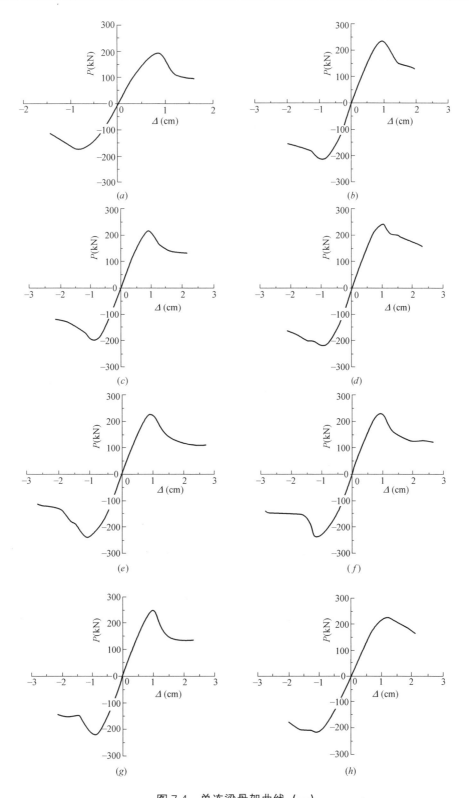

图 7-4 单连梁骨架曲线（一）

(*a*) CC1；(*b*) PC2；(*c*) PC3；(*d*) PC4；(*e*) PC5；(*f*) PC6；(*g*) PC7；(*h*) PC8

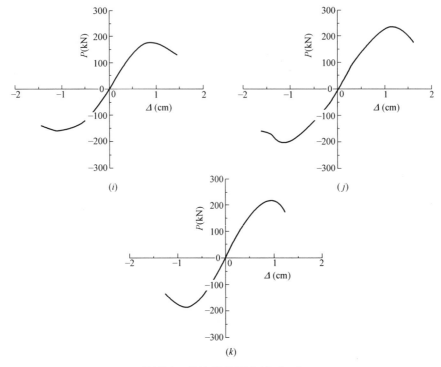

图 7-4　单连梁骨架曲线（二）

（*i*）CC9；（*j*）PC10；（*k*）PC11

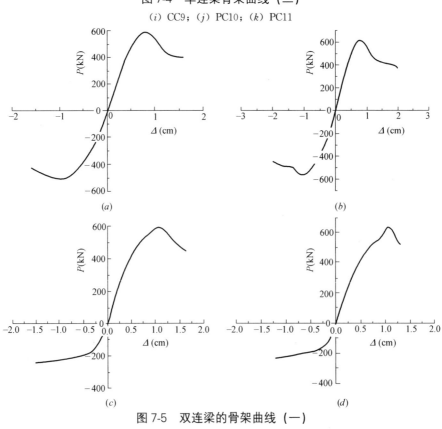

图 7-5　双连梁的骨架曲线（一）

（*a*）CC12；（*b*）PC13；（*c*）CC14；（*d*）PC15

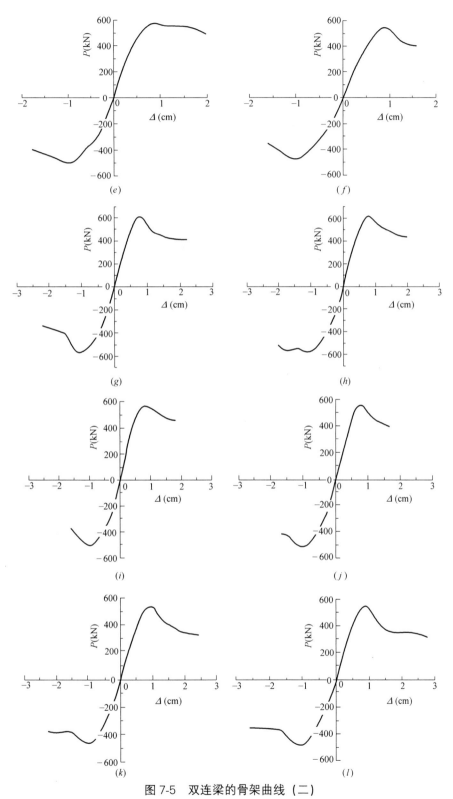

图 7-5 双连梁的骨架曲线（二）

（e）PC16；（f）PC17；（g）PC18；（h）PC19；（i）PC20；（j）PC21；（k）PC22；（l）PC23

7.5　连梁的延性系数计算结果

结构或构件破坏之前，强度或承载力无显著下降的条件下经受塑性变形的能力即称为试件的延性。在地震作用下，结构发生反复侧移时，地震能量通过构件的塑性变形来得到消散，抗震设计的目的则是控制结构或构件的塑性变形，防止结构或构件发生严重的脆性破坏和倒塌，故延性是评价试件耗能能力一个重要指标。延性好的结构，在达到屈服或最大承载能力状态后由于结构或构件的某个截面的后期变形能力大，仍能吸收一定量的能量，这样就能避免结构或构件的脆性破坏的发生。

延性系数 μ 就是通过极限水平位移和屈服水平位移比值得到的，见式 7-1。

$$\mu = \Delta_u / \Delta_y \tag{7-1}$$

试件的屈服位移通过如图 7-2 的"通用屈服弯矩法"计算得到，各试件的屈服荷载、最大荷载、破坏荷载以及位移延性系数详见表 7-2。

试件的延性系数　　　　　　　　　　　　　　　　　　表 7-2

试件	屈服荷载(kN)	最大荷载(kN)	破坏荷载(kN)	屈服位移(mm)	极限位移(mm)	延性系数
CC1	193	201	171	1.5743	9.8798	6.2757
PC2	201	237	196	1.8204	11.8876	6.5302
PC3	192	228	194	1.8813	11.3621	6.0395
PC4	211	250	212	1.8363	12.5153	6.8155
PC5	201	238	202	2.6786	11.6359	4.3440
PC6	202	238	203	3.1337	11.5919	3.6991
PC7	213	255	217	2.3612	11.6633	4.9396
PC8	199	238	202	1.7756	11.5578	6.5092
CC9	148	176	150	1.9319	12.6807	6.5638
PC10	189	235	189	1.9945	12.8820	6.4588
PC11	177	218	185	1.8319	11.8948	6.4931
CC12	442	612	451	1.7996	10.3895	5.7732
PC13	470	655	428	1.7356	10.7075	6.1693
CC14	447	610	420	1.7839	8.7730	4.9179
PC15	458	652	451	1.5631	8.7680	5.6094
PC16	467	572	486	1.7936	13.9701	7.7889
PC17	459	554	471	1.7926	11.5012	6.4159
PC18	526	641	545	1.8153	9.9131	5.4609
PC19	539	657	558	1.5565	9.9026	6.3621
PC20	469	579	492	1.7093	9.7374	5.6967
PC21	467	573	487	1.7753	10.6569	6.0029
PC22	456	552	469	2.4684	12.1454	4.9204
PC23	464	562	478	1.8431	11.2945	6.1280

7.6 连梁的耗能系数计算结果

在低周往复荷载作用下，连梁每经过一个循环，加载时吸收能量、卸载时释放能量，二者组成一次循环，图 7-6 为一个完整的滞回环。能量耗散系数（E_c）是试件在垫块端部荷载-位移关系的一个滞回环的总能量（S_{ABCD}）与弹性能（$S_{OFD} + S_{OEB}$）的比值，见式（7-2），其中 S 表示其下标对应字母所围城的区域面积。等效阻尼黏滞系数（h_e）为能量耗散系数与 2π 的比值，见式（7-3）。二者均可用来衡量结构构件的耗能能力。

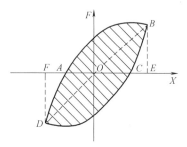

图 7-6 滞回环示意图

耗能能力作为评价连梁力学性能的一个重要指标，通过式（7-2）计算了表 7-1 设计构件的等效黏滞阻尼系数 h_e 和能量耗散系数 E_d，其中等效黏滞阻尼系数仅仅反映构件滞回环的饱满程度，与承载力没有很大的关系，计算结果见表 7-3。从表 7-3 中可以看出，各个模型试件的等效阻尼黏滞系数在 $0.1 \sim 0.3$ 之间，能量耗散系数都在 1 左右，而钢筋混凝土的等效黏滞阻尼系数在 0.1 左右，能量耗散系数在 0.63 左右，由此说明所模拟连梁具有良好的耗能能力。

$$E_c = S_{ABCD}/(S_{OFD} + S_{OEB}) \tag{7-2}$$

$$h_e = E_c/2\pi \tag{7-3}$$

耗能计算表　　　　　　　　　　　　　　　　　　表 7-3

试件编号	等效阻尼系数	能量耗散系数
CC1	0.1353	0.8494
PC2	0.1596	1.0025
PC3	0.1629	1.0227
PC4	0.1721	1.0809
PC5	0.2223	1.3958
PC6	0.1832	1.1505
PC7	0.1776	1.1152
PC8	0.1154	0.7250
CC9	0.1284	0.8064
PC10	0.1222	0.7677
PC11	0.1545	0.9702
CC12	0.1831	1.1501
PC13	0.1975	1.2401
CC14	0.1654	1.0384
PC15	0.1402	0.8807
PC16	0.1601	1.0052
PC17	0.1650	1.0360

续表

试件编号	等效阻尼系数	能量耗散系数
PC18	0.2204	1.3842
PC19	0.1795	1.1274
PC20	0.1817	1.1410
PC21	0.1763	1.1070
PC22	0.1961	1.2317
PC23	0.2108	1.3236

7.7　单连梁 P-Δ 骨架曲线的影响因素分析

等效钢筋面积比的影响。图 7-7 表示在保持其他参数不变的情况下，装配单连梁在不同等效钢筋面积比时低周往复荷载作用下的骨架曲线。其中，试件 PC2、PC3、PC4 装配式单连梁的等效钢筋面积比分别为 1、0.85、1.15。从图 7-7 及表 7-2 和表 7-3 中可以看出，等效钢筋面积比由 0.85 增加到 1.15：装配式单连梁的承载力的峰值逐渐上升，屈服荷载增加 8.84%，最大荷载增加 8.69%，破坏荷载增加 10.8%，延性系数增加 12.6%，能量耗散系数增加 5.38%。由此说明，等效钢筋面积比是一个重要的影响参数，等效钢筋面积比越大，装配式单连梁的屈服荷载、最大荷载、破坏荷载越大，延性和耗能性能越好。

装配区灌浆料强度的影响。图 7-8 表示在保持其他参数不变的情况下，装配式单连梁在不同灌浆料强度时低周往复荷载作用下的骨架曲线。试件 PC2、PC5、PC6 装配式单连梁的装配区灌浆料强度分别为 60MPa、80MPa、100MPa。从图 7-8 及表 7-2 和表 7-3 中可以看出，灌浆料强度由 60MPa 增加到 100MPa：屈服荷载增加 0.43%，最大荷载增加 0.65%，破坏荷载增加 6.57%，延性系数减小 43.4%；能量耗散系数增加 28.2%。承载力峰值点过后，各试件承载力下降的速率大致相等。由此说明，灌浆料强度越高，延性越差，耗能性能越好，但是对试件的最大承载力影响不大。

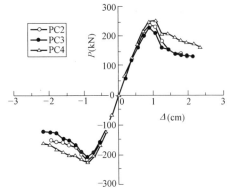

图 7-7　等效钢筋面积比影响下
试件骨架曲线对比

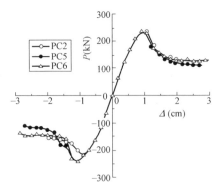

图 7-8　灌浆料强度影响下
试件骨架曲线对比

装配区灌浆长度的影响。图 7-9 表示在保持其他参数不变的情况下，装配式单连梁在装配区预留不同装配长度时低周往复荷载作用下的骨架曲线。试件 PC2、PC7、PC8 装配式单连梁的装配区长度分别为 40mm、20mm、60mm。从图 7-9 及表 7-2 和表 7-3 中可以看出，装配区长度由 20mm 增加到 60mm，承载力的峰值逐渐下降，屈服荷载减小 6.85%，最大荷载减小 6.77%，破坏荷载减小 6.77%，延性系数增大 24.11%，能量耗散系数减小 34.99%。承载力峰值点过后，各试件承载力下降的速率为 PC7＞PC2＞PC8。由此说明灌浆区长度长，承载力小，后期强度退化迅速，灌浆区长度越长，装配式单连梁的屈服荷载、最大荷载、破坏荷载越小，延性越好，耗能性能越差。

装配位置的影响。图 7-10 表示在保持其他参数不变的情况下，装配式单连梁在梁端与跨中分别装配时低周往复荷载作用下的骨架曲线。试件 PC2 在梁端进行装配，PC11 在跨中进行装配。由图 7-10 可以看出，装配位置由跨中到梁端时，屈服荷载增加 11.56%，最大荷载增加 8.07%，破坏荷载增加 2.25%，延性系数增加 0.57%，能量耗散系数增加 3.22%，承载力峰值点过后，二者的承载力的下降速度 PC2＞PC11，由此说明，装配位置由跨中到梁端时，装配式单连梁的屈服荷载、最大荷载、破坏荷载越大，延性越好，耗能性能越好。

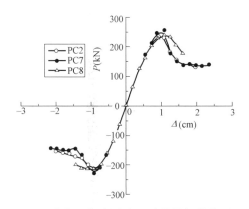

图 7-9　灌浆区长度影响下试件骨架曲线对比

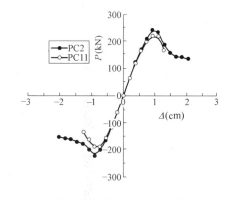

图 7-10　装配位置影响下试件骨架曲线对比

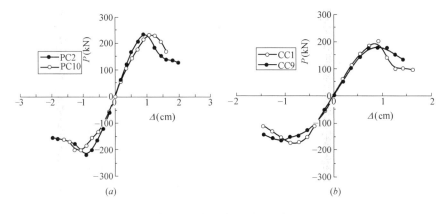

图 7-11　扩展区域影响下试件骨架曲线对比

（*a*）装配件对比；（*b*）现浇件对比

扩展区域的影响。图 7-11（a）、（b）分别表示在保持其他参数不变的情况下，装配式单连梁与现浇单连梁在考虑扩展区域影响与未考虑扩展区域影响的情况下，单连梁在低周往复荷载作用下的骨架曲线。试件 CC1、PC2 为不考虑扩展区域影响的连梁，试件 CC9、PC10 为考虑扩展区域影响的连梁，由图 7-11 可以看出，在装配式单连梁中 PC10 相比于 PC2，PC2 的屈服荷载大 5.76%，最大荷载大 1.99%，破坏荷载大 3.5%，延性系数小 12.48%，能量耗散系数大 23.42%；在现浇单连梁中 CC9 相比于 CC1，CC1 的屈服荷载大 23.13%，最大荷载大 12.13%，破坏荷载大 12.13% 延性系数小 4.39%，能量耗散系数大 5.06%。由此说明，扩展区域的存在使试件的屈服荷载与最大荷载减小，延性系数减小，试件的耗能性能变差。

7.8　双连梁 $P\text{-}\Delta$ 骨架曲线的影响因素分析

（1）等效钢筋面积的影响。图 7-12 表示在保持其他参数不变的情况下，双连梁在不同等效钢筋面积比时低周往复荷载作用下的骨架曲线。试件 PC13、PC18、PC19 装配式双连梁的等效钢筋面积比分别为 1、0.85、1.15，从图 7-12 及表 4-2 和表 4-3 中可以看出，等效钢筋面积比由 0.85 增加到 1.15，屈服荷载增加 2.4%，最大荷载增加 2.26%，破坏荷载增加 2.36%，延性系数增加 14.17%，能量耗散系数减少 18.55%。由此说明，等效钢筋面积比是影响双连梁力学性能一个重要的影响参数，等效钢筋面积比越大，装配式双连梁的屈服荷载、最大荷载、破坏荷载越大，延性越好，耗能性能越差。

（2）装配区灌浆料强度的影响。图 7-13 表示在保持其他参数不变的情况下，装配式双连梁在不同灌浆料强度时低周往复荷载作用下的骨架曲线。试件 PC16、PC20、PC21 装配式单连梁的装配区灌浆料强度分别为 60MPa、80MPa、100MPa，从图 7-13 及表 7-2 和表 7-3 中可以看出，灌浆料强度由 60MPa 增加到 100MPa，屈服荷载增加 0.03%，最大荷载增加 0.13%，破坏荷载增加 0.13%，延性系数减小 22.93%，能量耗散系数增加 9.2%，承载力峰值点过后，在试件受推的过程中，各试件承载力下降的速度 PC21＞PC20＞PC16。由此说明，灌浆料强度越高，延性越差，耗能性能越好，但是对试件的最大承载力影响不大。

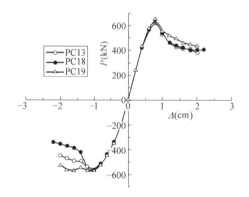

图 7-12　等效钢筋面积比影响下
试件骨架曲线对比

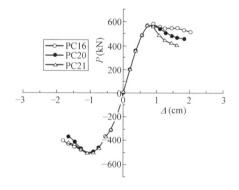

图 7-13　灌浆料强度影响下试件骨架曲线对比

（3）装配区灌浆长度的影响。图 7-14
表示在保持其他参数不变的情况下，双连
梁在装配区预留不同装配长度时低周往复
荷载作用下的骨架曲线。试件 PC17、
PC22、PC23 双连梁中剪力墙连梁装配的
装配区长度分别为 40、20、60mm。从图
7-14 及表 7-2 和表 7-3 中可以看出，装配
区长度由 20mm 增加到 60mm，屈服荷载
增加 1.65%，最大荷载增加 1.89%，破
坏荷载增加 1.89%，延性系数增大
19.7%，能量耗散系数增加 6.94%，承
载力峰值点过后，各试件承载力下降的速

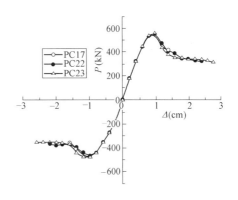

图 7-14　灌浆区长度影响下试件骨架曲线对比

度为 PC23＞PC17＞PC22，由此说明灌浆区长度长，承载力增大，后期强度退化迅速，灌
浆区长度越长，装配式双连梁的屈服荷载、最大荷载、破坏荷载越大，延性越好，耗能性
能越好。

（4）扩展区域的影响。图 7-15（*a*）、（*b*）分别表示在保持其他参数不变的情况下，现
浇双连梁与装配式双连梁在考虑扩展区域影响与未考虑扩展区域影响的情况下，装配式双
连梁在低周往复荷载作用下的骨架曲线。试件 CC12、PC13 为不考虑扩展区域影响的连
梁，试件 CC14、PC15 为考虑扩展区域影响的连梁，由图 7-15 可以看出，在装配式双连
梁中，PC13 相比于 PC15，PC13 的屈服荷载小 5.73%，最大荷载大 0.58%，延性系数大
9.08%，能量耗散系数大 28.98%，在现浇单连梁中：CC12 相比于 CC14，CC12 的屈服
荷载小 1.24%，最大荷载大 0.26%，延性系数大 14.82%，能量耗散系数大 9.7%，由此
说明，扩展区域的存在对双连梁试件的屈服荷载与峰值荷载影响不大，但是试件的延性变
差，耗能性能变差。

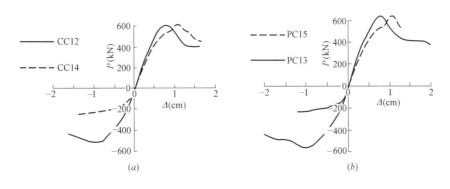

图 7-15　扩展区影响下试件骨架曲线对比
（*a*）现浇件对比；（*b*）装配件对比

（5）连梁跨高比的影响。图 7-16 表示在保持其他参数不变的情况下，装配式双连梁
中在不同剪力墙连梁跨高比时低周往复荷载作用下的骨架曲线，试件 PC13、PC16、PC17
装配式双连梁中剪力墙连梁的跨高比分别为 3、3.7、3.5。从图 7-16 及表 7-2 和表 7-3 中

可以看出，随着跨高比的增大，屈服荷载减少 0.55％，峰值荷载减小 12.72％，延性系数增加 20.79％，能量耗散系数减少 18.94％，由此说明跨高比越大，屈服荷载与峰值荷载越小，延性越好，但耗能性能比较差。

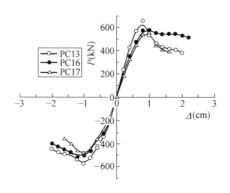

图 7-16　跨高比影响下试件骨架曲线对比

7.9　试件的刚度退化分析

结构的刚度退化即为在反复荷载作用下，结构的刚度随着加载位移幅值和循环次数增

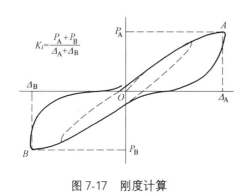

图 7-17　刚度计算

大而降低的特性。结构或构件的刚度退化系数是评价抗震性能的一个重要指标。常用割线刚度来代替切线刚度来研究结构或构件的地震反应。采用同一级位移加载下第二循环所对应的环线刚度来表示结构在低周往复荷载作用下的刚度退化特性。模拟中，试件刚度用半圈的割线刚度表示，即取每半圈荷载变化和位移变化之比。试件刚度计算如图 7-17 所示，其中 K_i 为刚度退化系数，P_A、P_B 是峰值点的荷载值，

Δ_A、Δ_B 是峰值点的位移值。通过计算得到的不同影响因素下试件的刚度变化如图 7-17 所示。

7.9.1　单连梁刚度退化的影响因素分析

图 7-18 为不同影响因素下单连梁刚度退化曲线，图 7-18（a）为考虑与不考虑扩展区域现浇试件的刚度退化。其中 CC1 为不考虑扩展区域的现浇试件，CC9 为考虑扩展区域的现浇试件。从图中可以看出，试件 CC9 的初始刚度比试件 CC1 的初始刚度大 7.59％，随着水平位移增大，两试件刚度下降的速率不同（CC9＞CC1），这与试件 CC9 端块处的扩展区域有关，而不考虑扩展区域的 CC1 端块约束连梁的变形，减缓刚度退化。

图 7-18（b）为等效钢筋面积比不同的试件的刚度退化情况，其中试件 PC2、PC3、PC4 的等效钢筋面积比分别为 1、0.85、1.15。从图中可以看出，试件的初始刚度随着

钢筋面积比的增大而增大，钢筋面积比从 0.85 增加到 1.15，初始刚度增加 6.16％，退化过程中，刚度最大增加 16.05％，三者刚度退化的速率规律不明显，加载初期，三者刚度退化速率一致，而加载后期钢筋面积比为 1 的反而比钢筋面积比 0.85 的退化速率快。由此说明，等效钢筋面积比越大，试件的初始刚度越大，但刚度退化速率规律不明显。

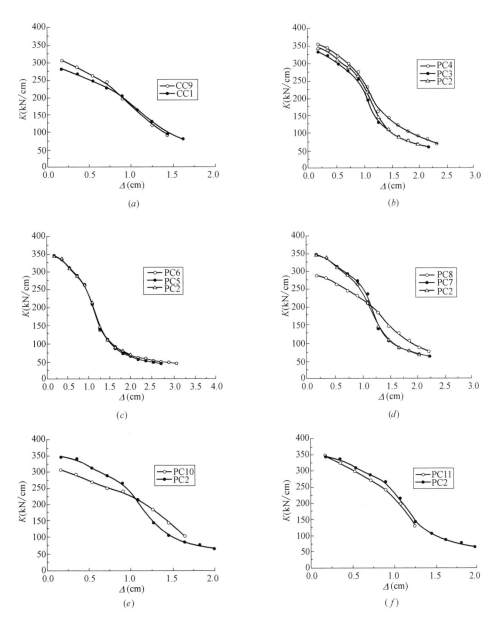

图 7-18　不同影响因素下单连梁刚度退化曲线

（a）考虑与不考虑扩展区域现浇试件的刚度退化；（b）等效钢筋面积比不同试件的刚度退化；
（c）装配区灌浆料强度不同试件的刚度退化；（d）装配区装配长度不同试件的刚度退化；
（e）考虑与不考虑扩展区域装配连梁的刚度退化；（f）装配位置不同试件的刚度退化

图 7-18（c）为装配区灌浆料强度不同试件的刚度退化情况，其中试件 PC2、PC5、PC6 的灌浆区灌浆料强度分别为 60MPa、80MPa、100MPa。从图中可以看出，试件的初始刚度随着灌浆料强度的增大而增大，灌浆料强度从 60MPa 增加到 100MPa，初始刚度增加 1.03%，退化过程中，刚度最大增加 2.98%，三者的刚度退化速率也基本一致，屈服后的下降速率明显大于屈服前的下降速率，当试件屈服后，随着加载循环次数与位移的增大，试件刚度退化现象比较严重。由此说明，试件的初始刚度与退化速率同灌浆料的强度没有关系。

图 7-18（d）为装配区装配长度不同试件的刚度退化情况，其中试件 PC2、PC7、PC8 的装配长度分别为 40mm、20mm、60mm。从图中可以看出，试件的初始刚度随着装配长度的增大而减小，装配长度从 20mm 增加到 60mm，初始刚度减小 16.25%，退化过程中，刚度最大减小 16.64%，而 PC8 的刚度退化速率一直都比其他试件小。由此说明，装配长度越长，试件的初始刚度越小，刚度退化速率也越小。

图 7-18（e）为考虑与不考虑扩展区域装配试件的刚度退化。其中 PC2 为不考虑扩展区域的装配试件，PC10 为考虑扩展区域的装配试件。从图中可以看出，试件 PC2 的初始刚度比试件 PC10 的初始刚度大 11.98%，随着水平位移增大，两试件刚度下降的速率不同（PC10＞PC2），这同样与试件 PC10 端部的扩展区域有关，不考虑扩展区域的 PC2 端块约束连梁的变形，减缓刚度退化。

图 7-18（f）为装配位置不同试件的刚度退化。其中 PC2 为在梁端装配，PC11 为在梁跨中装配。从图中可以看出，试件 PC11 的初始刚度比试件 PC2 的初始刚度大 1.26%，二者的退化速率 PC11＞PC2，由于 PC2 在梁端装配，装配位置的灌浆料强度比混凝土的强度高，梁端受力相同时，PC11 在梁端的位置比 PC2 先发生破坏，导致刚度退化的速率变快。由此说明，装配位置的不同对试件的初始刚度影响不大，但跨中装配的试件刚度退化速率比梁端装配的刚度退化速率大。

7.9.2　双连梁刚度退化的影响因素分析

图 7-19 为不同影响因素下双连梁刚度退化曲线，图 7-19（a）为考虑与不考虑扩展区域现浇试件的刚度退化。其中 CC12 为不考虑扩展区域的现浇试件，CC14 为考虑扩展区域的现浇试件。从图中可以看出，试件 CC14 的初始刚度比试件 CC12 的初始刚度大 2.69%，退化过程中，刚度最大相差 7.79%，随着水平位移增大，两试件刚度下降的速率不同（CC14＞CC12），这与试件 CC14 端块处的扩展区域有关，而不考虑扩展区域的 CC12 端块约束连梁的变形，减缓刚度退化。

图 7-19（b）为等效钢筋面积比不同的试件的刚度退化情况，其中试件 PC13、PC18、PC19 的等效钢筋面积比分别为 1、0.85、1.15。从图中可以看出，试件的初始刚度随着钢筋面积比的增大而增大，钢筋面积比从 0.85 增加到 1.15，初始刚度增加 6.55%，退化过程中，刚度最大增加 10.8%，三者刚度退化的速率规律不明显，加载初期，三者刚度退化速率一致，而加载后期钢筋面积比为 1.15 的双连梁退化速率较慢。由此说明，等效钢筋面积比越大，试件的刚度越大，但刚度退化速率规律不明显。

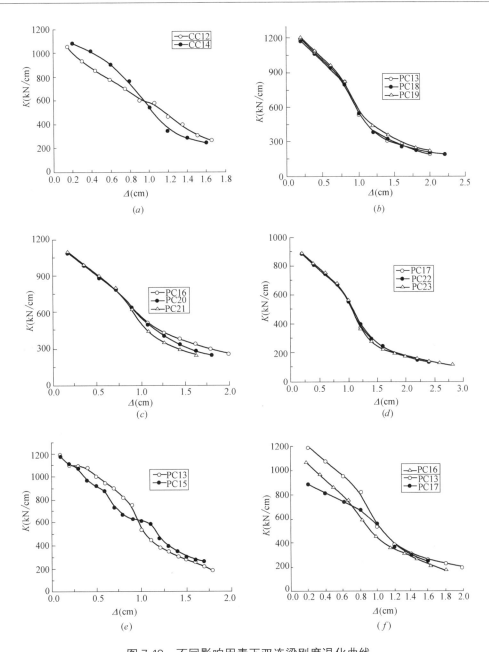

图 7-19 不同影响因素下双连梁刚度退化曲线

(a) 考虑与不考虑扩展区域现浇双连梁的刚度退化；(b) 等效钢筋面积比不同试件的刚度退化；
(c) 装配区灌浆料强度不同试件的刚度退化；(d) 装配区装配长度不同试件的刚度退化；
(e) 考虑与不考虑扩展区域装配试件的刚度退化；(f) 跨高比不同试件的刚度退化

图 7-19（c）为装配区灌浆料强度不同试件的刚度退化情况，其中试件 PC16、PC20、PC21 的灌浆区灌浆料强度分别为 60MPa、80MPa、100MPa。从图中可以看出，试件的初始刚度随着灌浆料强度的增大而增大，灌浆料强度从 60MPa 增加到 100MPa，初始刚度增加 0.65%，退化过程中，刚度最大增加 0.9%，加载初期三者的刚度退化速率也基本一致，加载后期三者的退化速率 PC21＞PC20＞PC16。由此说明，试件的初始刚度与灌浆

料的强度没有关系，但后期刚度的退化速率随着灌浆料强度的增加而增大。

图 7-19（d）为装配区装配长度不同试件的刚度退化情况，其中试件 PC17、PC22、PC23 的装配长度分别为 40、20、60mm。从图中可以看出，试件的初始刚度随着装配长度的增大而增大，装配长度从 20mm 增加到 60mm，初始刚度增大 0.84%，退化过程中，刚度最大减小 4.99%，三者的退化速率基本一致。由此说明，双连梁中，装配长度越长，试件的刚度越大，但装配长度对刚度的退化速率无影响。

图 7-19（e）为考虑与不考虑扩展区域装配试件的刚度退化。从图中可以看出，不考虑扩展区域试件 PC13 的初始刚度比考虑扩展区域的试件 PC15 的初始刚度大 1.08%，随着水平位移增大，两试件刚度下降的速率不同（PC15＞PC13），这同样与试件 PC15 端部的扩展区域有关，不考虑扩展区域的 PC13 端块约束连梁的变形，减缓刚度退化。

图 7-19（f）为连梁高跨比不同试件的刚度退化。其中试件 PC13、PC16、PC17 连梁跨高比分别为 3、3.7、3.5。PC13 与 PC16 同跨不同高，PC13 的初始刚度比 PC16 的初始刚度大 9.05%，PC13 与 PC17 同高不同跨，PC13 的初始刚度比 PC17 的初始刚度大 25.74%，由此说明跨高比比较小的双连梁的初始刚度比较大，且连梁高度对初始刚度的影响比连梁跨度大。

本章参考文献

[1]　胡进军，谢礼立. 地震破裂的方向性效应相关概念综述［J］. 地震工程与工程振动，2011，31（4）：1-8.

[2]　胡进军，谢礼立. 汶川地震近场加速度基本参数的方向性特征［J］. 地球物理学报，2011，54（10）：2581-2589.

[3]　中华人民共和国行业标准. 建筑抗震试验规程 JGJ/T 101—2015［S］. 北京：中国建筑工业出版社，1997.

[4]　唐九如. 钢筋混凝土框架节点抗震［M］. 南京：东南大学出版社，1989.

[5]　廉福炎. 考虑连梁刚度退化的框剪结构设计［J］. 规划与设计中华民居，2012.

第8章 基于试验装配连梁研究

8.1 引 言

为了深入研究装配式框架-剪力墙混凝土连梁在承载力与抗震性能方面的有效性和可行性，观察其在地震作用下的破坏形态，分别设计了现浇与装配式的 5 个单连梁和 6 个双连梁试件进行模拟地震作用的低周往复荷载试验，研究装配位置、刚度相对值以及跨度等对装配式框架-剪力墙混凝土单、双连梁力学性能的影响情况。本章主要介绍试验的研究方法并对试验的主要现象进行简要描述。

8.2 试验准备

8.2.1 试验目的

针对课题的试验研究，共设计了 11 个试件：其中 5 个单连梁，6 个双连梁。分别对 11 个不同试件进行模拟地震作用的低周往复荷载试验，其中包括剪力墙厚度大于连梁厚度和剪力墙与连梁同厚的现浇单、双连梁，剪力墙厚度大于连梁厚度、剪力墙与连梁同厚的装配式单、双连梁，研究它们的承载能力、变形特点、裂缝的发展状况和混凝土与钢筋的应变分布，并对各试件试验结果进行比较，具体工作内容如下：

（1）设计试验方案，测试材料基本性能，采集材料基本性能数据，安装试验相关仪器和设备，制订试验加载方案和对试验相关人员合理分工。

（2）进行模拟地震作用试验，采集试验数据并对数据进行整理分析，仔细观察各个试件的试验现象，分析试件的承载力、裂缝、破坏形态等受力特征和延性、刚度、耗能能力等抗震性能，总结其受力机理和对影响因素进行分析，研究新型装配方法的可行性。

8.2.2 试验对象

对于钢筋混凝土框-剪结构，在地震作用时，剪力墙作为第一道抗震防线是其理想的传力体系，首先发生破坏，框架作为第二道抗震防线其次发生破坏，如果框-剪结构剪力墙中带连梁，理想的情况是连梁在梁端首先出现塑性铰。为此，将框架梁和剪力墙连梁作为研究对象，如图 8-1 所示，将其定义为并联不等宽双连梁（简称双连梁），开展以下三个阶段的研究：

（1）第一阶段：双连梁梁端固结，通过非线性有限元分析的方式，研究在这种状况下连梁与框架梁的协同工作情况；

（2）第二阶段：取整根框架梁、框架梁上下的剪力墙和剪力墙连梁为研究对象，通过试验研究连梁与框架梁的协同工作情况；

（3）第三阶段：通过非线性有限元软件建立框-剪结构全模型，研究连梁与框架梁的协同工作情况。主要在前人对装配式混凝土第一阶段有限元分析完成的基础上，进行第二阶段的试验研究。

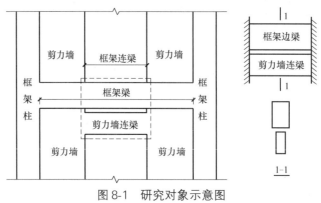

图 8-1 研究对象示意图

根据试验的研究目的，分别需对单连梁和双连梁进行试验研究，11 个连梁试件分为以下六组：第一组 CC1、PC2、PC11，第二组 CC1、CC3、PC4，第三组 CC5、PC6，第四组 CC5、CC7、PC8，第五组 PC8、PC9，第六组 PC8、PC10。第一组主要研究装配方式的可行性和装配位置对试件力学性能的影响；第二组研究是否考虑扩展区域对混凝土单连梁力学性能的影响和装配方式在考虑扩展区域时的可行性；第三组研究装配方式在双连梁中的可行性；第四组研究是否考虑扩展区域对混凝土双连梁力学性能的影响和装配方式在考虑扩展区域时的可行性；第五组研究连梁与框架梁刚度相对值对混凝土双连梁力学性能的影响；第六组研究跨度对混凝土双连梁力学性能的影响。

8.2.3 单连梁试件设计

为研究装配式框架-剪力墙单连梁的破坏过程及破坏特点，研究装配位置、有无考虑梁端破坏向墙内扩展等因素对混凝土单连梁受力性能的影响。试验共设计 5 个混凝土单连梁试件，根据制作方式的不同，对每个试件进行编号，各试件尺寸详见表 8-1。CC 代表传统方法施工的现浇试件，CC1 剪力墙厚度大于连梁厚度，不考虑梁端破坏向墙内扩展情况，CC3 剪力墙厚度等于连梁厚度，考虑梁端破坏向墙内扩展情况。PC 代表新型装配试件，PC2、PC4 为梁端装配式，PC11 为连梁跨中装配式。

（1）连梁配筋

《混凝土结构设计规范》GB 50010—2010 和《高层建筑混凝土结构技术规程》JGJ 3—2010（以下简称《高规》）规定："抗震设计时，跨高比不大于 1.5 的连梁，其纵向钢筋的最小配筋率不应小于 0.25%；连梁顶面、底面纵向水平钢筋伸入墙肢的长度不应小于 l_{aE}（最小锚固长度）且均不应小于 600mm；跨高比不大于 2.5 的连梁，腰筋总面积配筋率不应小于 0.3%；沿连梁全长的箍筋构造按框架梁梁端箍筋加密区的箍筋构造要求设计。"参照以上规定对连梁配筋如下：各连梁的配筋形式相同，纵向钢筋采用 2Φ12，箍筋选用 Φ8@100。

（2）剪力墙配筋

根据《高规》对剪力墙的相关要求："剪力墙截面厚度不大于 400mm 时，可采用双排配筋；竖向和水平分布筋的配筋率不应少于 0.25%；剪力墙的竖向和水平分布钢筋的间距均不宜大于 300mm，直径不应小于 8mm，且直径不宜大于墙厚的 1/10。"CC1、PC2、PC11 试件梁端剪力墙结构采用相同配筋且厚度大于 400mm，纵向钢筋采用 4Φ20，竖向和水平分布钢筋均为Φ8@100。并根据构造要求采用Φ8@500 的拉结筋。CC3、PC4 试件剪力墙厚度小于 400mm，剪力墙布置双层双向钢筋，钢筋均采用 2Φ14，箍筋选用二肢箍Φ8@100，竖向和水平分布钢筋均用Φ8@200，并根据构造要求采用Φ8@500 的拉结筋。单连梁配筋详图如图 8-2 所示。

（3）装配与现浇区分

装配式混凝土单连梁试件配筋与现浇件相同，连接钢筋采用 2 根长 700mm、$d=16mm$ 的等效钢筋，分别插入连梁和剪力墙中各 350mm。详见表 8-1。

试件编号	连梁				剪力墙	连接区	
	跨度 L(mm)	高度 H(mm)	厚度 T(mm)	跨高比 (L/H)	厚度 T(mm)	混凝土强度(N/mm²)	连接钢筋
CC1	1300	420	200	3.1	400	26.8	4Φ12
PC2	1300	420	200	3.1	400	82.4	2Φ16
CC3	1300	420	200	3.1	200	26.8	4Φ12
PC4	1300	420	200	3.1	200	82.4	2Φ16
PC11	1300	420	200	3.1	400	82.4	2Φ16

单连梁尺寸设计   表 8-1

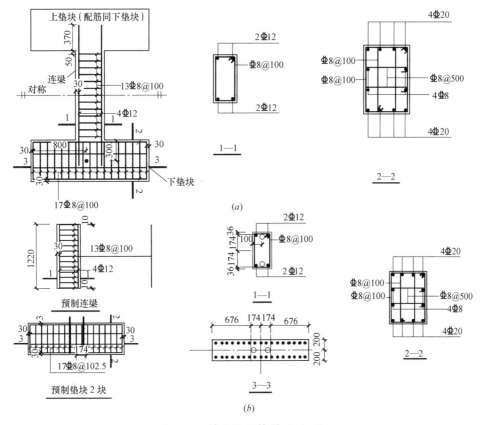

图 8-2 单连梁配筋详图（一）

（a）CC1 配筋图；（b）PC2 配筋图

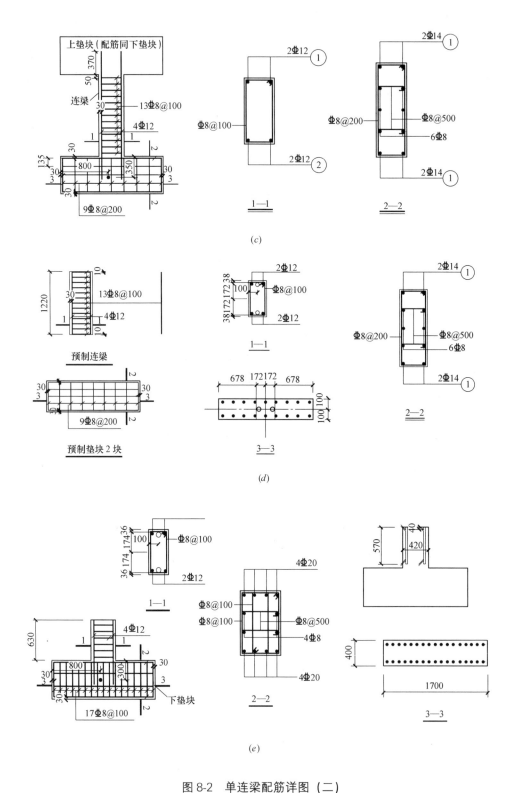

图 8-2　单连梁配筋详图（二）

（c）CC3 配筋图；（d）PC4 配筋图；（e）PC11 配筋图

8.2.4 双连梁试件设计

为研究装配式框架-剪力墙双连梁的破坏过程及破坏特点，研究跨度、刚度相对值、有无考虑梁端破坏向墙内扩展等因素对混凝土双连梁受力性能的影响，共设计 6 个混凝土双连梁试件进行试验，根据制作方式的不同，对每个试件进行编号，各试件尺寸详见表 8-2。CC 代表传统方法施工的现浇试件，CC5 剪力墙厚度大于连梁厚度，不考虑梁端破坏向墙内扩展情况，CC7 剪力墙厚度等于连梁厚度，考虑梁端破坏向墙内扩展情况。PC 代表新型装配试件，PC6、PC8 是梁端装配式试件，PC9 中框架连梁与剪力墙连梁刚度相对值变化，PC10 试件框架梁与连梁跨度变化。

（1）墙中连梁配筋

连梁具体配筋过程同 8.2.1 节单连梁设计中连梁配筋。

（2）框架梁配筋

参照《混凝土结构设计规范》GB 50010—2010 和《高规》的相关规定对框架梁配筋如下：框架梁受拉纵向钢筋均采用 3Φ18，配筋率为 0.509%，4Φ8 腰筋，箍筋选用二肢箍Φ8@100，面积配筋率为 0.503%。

（3）剪力墙配筋

剪力墙各配筋与单连梁设计中剪力墙配筋相同。各框架-剪力墙双连梁具体配筋详图如图 8-3 所示。

双连梁的尺寸设计　　　　　　　　　　　　　　　　　表 8-2

试件编号	框架连梁				墙中连梁				剪力墙厚度 T（mm）	连梁连接区	
	高度 H（mm）	厚度 T（mm）	跨高比 L/H（mm）	跨度 L（mm）	高度 H（mm）	厚度 T（mm）	跨高比 L/H（mm）			混凝土强度（N/mm²）	连接钢筋
CC5	500	300	2.6	1300	420	200	3.1		400	26.8	4Φ12
PC6	500	300	2.6	1300	420	200	3.1		400	82.4	2Φ16
CC7	500	300	2.6	1300	420	200	3.1		200	26.8	4Φ12
PC8	500	300	2.6	1300	420	200	3.1		200	82.4	2Φ16
PC9	500	300	2.6	1300	350	200	3.7		400	82.4	2Φ16
PC10	500	300	3.0	1500	420	200	3.6		400	82.4	2Φ16

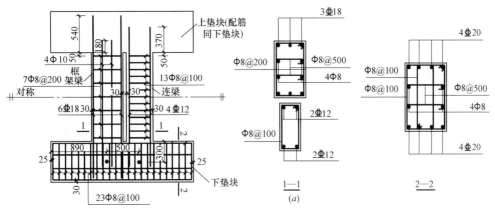

图 8-3　双连梁配筋详图（一）

(a) CC5 配筋图

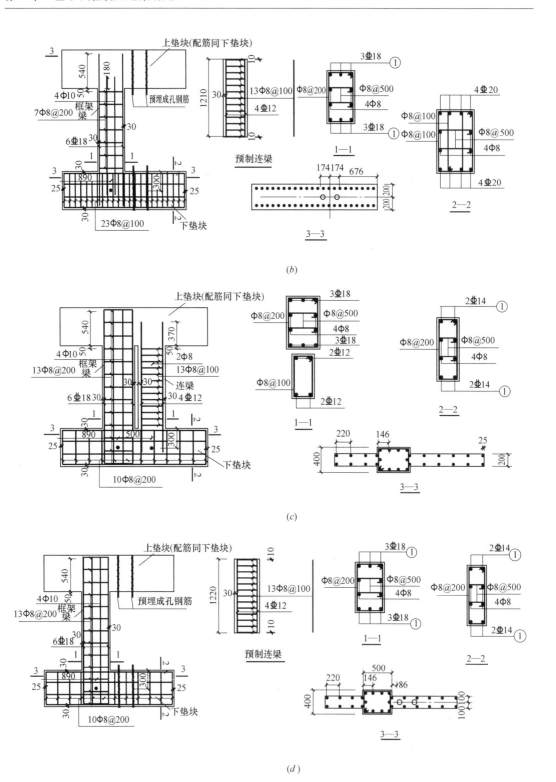

图 8-3　双连梁配筋详图 （二）

(*b*) PC6 配筋图；（*c*）CC7 配筋图；（*d*）PC8 配筋图

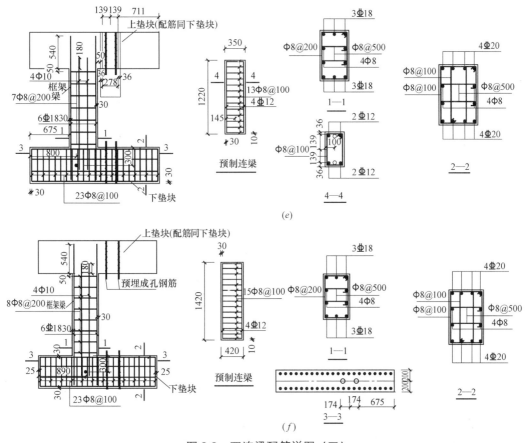

图 8-3 双连梁配筋详图（三）

(e) PC9 配筋图；(f) PC10 配筋图

8.2.5 试件制作

（1）现浇试件的制作

1）在工厂加工模板。

2）粘贴钢筋应变片。为了既能保证钢筋的性能又能使其与混凝土粘结良好，也便于应变片的粘贴，粘贴应变片时先用砂轮打磨机以及砂纸把钢筋表面的浮绣除去，保证钢筋表面干净且光滑。再用 502 胶水把钢筋应变片粘贴在处理过的打磨处，导线用电烙铁和焊锡焊在应变片端子触点上，贴好应变片后需做绝缘和防水处理，另一方面也可以保护应变片在施工浇筑混凝土时不发生破坏，最后用万用表测量电阻确认应变片有效。具体过程如图 8-4 所示。

3）将贴好应变片的钢筋交与工人，工人完成钢筋笼的绑扎。

4）将钢筋笼中应变片导线统一输出，做好应变片防护处理，准备浇筑混凝土。

（2）装配试件的制作

装配式单、双连梁混凝土的浇筑过程：先铺设地膜，放置和固定模板，然后再将绑扎好的钢筋笼放置在预先图样设计的位置，再进行其余部位钢筋的绑扎，所有钢筋绑扎完成后，则整个试件制作过程完毕，等待混凝土浇筑。

试件的制作与施工详如图 8-5 所示。

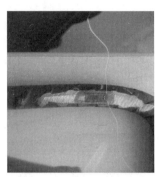

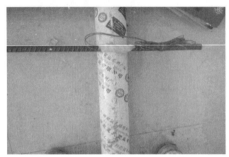

图 8-4　钢筋应变片的粘贴过程

(a)　　　　　　　　　　　　　　　　(b)

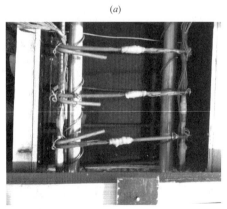
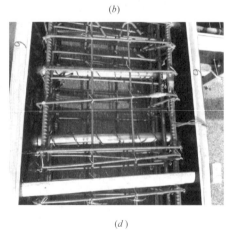

(c)　　　　　　　　　　　　　　　　(d)

图 8-5　混凝土连梁制作过程 (一)

(a) 钢筋笼制作；(b) 支模板；(c) 贴应变片；(d) 钢筋绑扎

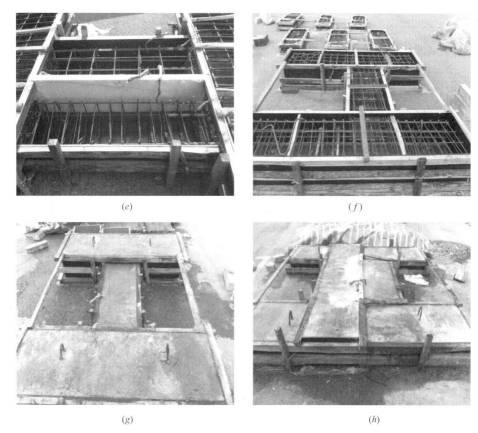

图 8-5　混凝土连梁制作过程（二）

（e）完成钢筋绑扎；（f）墙中连梁；（g）单连梁浇筑混凝土；（h）双连梁浇筑混凝土

8.3　测点布置和数据采集

本次试验过程主要测量的内容有：MTS 上的作用力（水平力）、侧向变形、水平位移、竖向位移、连梁受力钢筋应变、剪力墙受力钢筋应变以及剪力墙与梁端连接处混凝土应变。过程中还需观察裂缝的产生、发展与分布情况，并记录裂缝宽度值。

8.3.1　位移计布置

试验中剪力通过传感器测量得到，位移通过电子位移计进行测量。本次试验单连梁共使用 6 个电子位移计，双连梁使用 5 个电子位移计，分别编号为 D1～D6。D1、D4、D5、D6 位移计量程为 100mm，D2、D3 位移计量程为 200mm。位移计具体布置如图 8-6 所示。

8.3.2　应变片位置布置

（1）钢筋应变片

钢筋应变片用来测量钢筋应变，判断钢筋是否屈服。连梁上钢筋应变片布置：现浇为每根纵向受力钢筋上布置 4 个测点，3 根箍筋上布置前后 2 个测点；装配件在 2 根等待钢筋上分别布置 4 个测点。剪力墙上钢筋应变片布置：400mm 厚剪力墙分别在 1 根纵向受

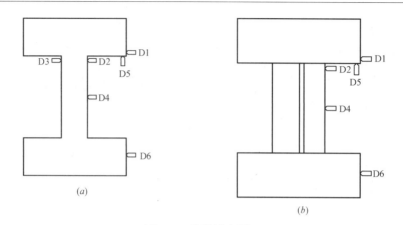

图 8-6　位移计布置图

（a）单连梁位移计布置；（b）双连梁位移计布置

力筋和箍筋上布置 1 个测点，200mm 厚剪力墙需在纵向受力筋、腰筋、拉筋和箍筋上分别布置 1 个测点。框架梁上钢筋应变片布置：纵向受力筋上分别布置 4 个测点，箍筋上 1 个测点。所有测点布置均在接近地梁侧，便于试验测量。单、双连梁钢筋应变片的测点布置如图 8-7、图 8-8 所示。

（2）混凝土应变片

为保证混凝土应变片测试的准确性，应变片需在试验开始一天前进行粘贴。粘贴前需用角磨机打磨粘贴表面，再用砂纸将其打磨光滑，最后用 502 胶进行粘贴。混凝土表面应变片均粘贴在连梁梁端与剪力墙的连接处。

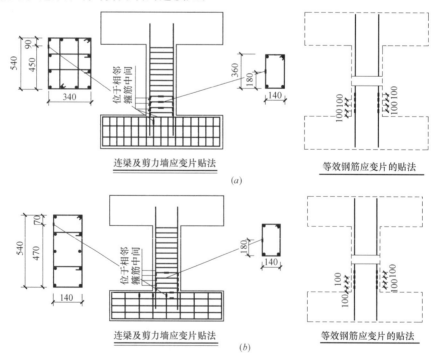

图 8-7　单连梁钢筋应变片布置图（一）

（a）CC1、PC2 应变片布置图；（b）CC3、PC4 应变片布置图

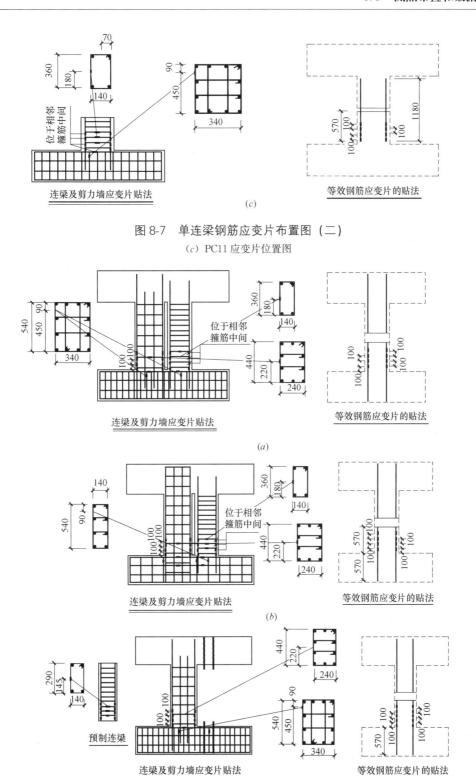

图 8-7 单连梁钢筋应变片布置图（二）

（c）PC11 应变片位置图

图 8-8 双连梁钢筋应变片布置图

（a）CC5、PC6 应变片布置图；（b）CC7、PC8 应变片布置图；（c）PC9、PC10 应变片布置图

95

8.3.3　裂缝观测

试验中裂缝的出现是通过肉眼来进行判断的，裂缝出现后借助三角尺和直尺等工具对裂缝出现的位置、宽度进行测量，并将其与裂缝分布状况、发展过程进行详细的记录，同时在梁的各个面描摹出裂缝的位置。

（1）第一条裂缝出现的荷载、位移以及其出现的位置。

（2）要记录裂缝开裂后裂缝的发展过程，并标出各级荷载下出现的主要裂缝，绘制裂缝开展图。

（3）最后记录各循环加载下的最大裂缝宽度和极限荷载值时的裂缝宽度。

8.4　试验装置及加载制度

8.4.1　加载装置

为了尽可能达到试验预期效果，试验的加载装置是很重要的因素。根据沈阳建筑大学结构试验室现有试验条件及设备基础，参考历史文献记录，试验前设计加工了一套能够模拟连梁在剪力墙中实际受力情况的加载设备，试验时需将试件旋转 90°进行加载。具体加载装置如图 8-9 所示。实际试验加载装置如图 8-10 所示。试验装置的实现要求：

（1）装置试件的最大荷载要求和最大变形要求。

（2）反力墙具有足够的刚度和强度。

（3）MTS 助动器具有足够的冲程，装置中的钢梁、螺杆、垫板地梁等具有足够的刚度。

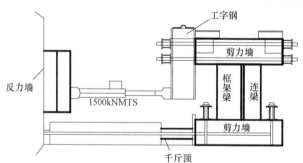

图 8-9　加载装置图

图 8-10　试验加载装置图

　　试验采用美国电液伺服程控结构试验系统（MTS）模拟地震作用形式对试件进行低周往复加载，过程中，将各应变片、位移计连接在应变采集板上，通过采集板采集试件在各级荷载下的水平、竖向位移和材料应变等数据。试件加载由计算机控制，测试仪器采用电子读数，裂缝观察与记录由人工完成。

8.4.2　加载制度

　　本次试验为拟静力试验方法，起初采用荷载控制，当试件达到屈服后采用位移控制，单、双连梁的加载方案不同。荷载控制阶段每级荷载值采用预计承载力的 1/10，各荷载等级完成一个加载循环；位移控制阶段按照 1Δ、2Δ、3Δ、4Δ 规律分级加载，Δ 为试件屈服时对应的位移值，各位移加载 2 个加载循环。试验正式开始前对试件进行预加载，检查仪器设备是否正常，后按照加载制度进行正式加载直至试件所受水平力下降至最大水平力的 85％ 以下时，试验结束。加载制度如图 8-11 所示。

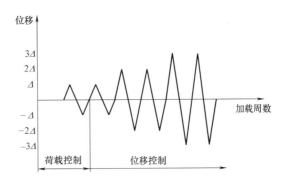

图 8-11　加载示意图

8.5　材料性能试验

8.5.1　钢筋力学性能

　　根据《金属材料室温拉伸试验方法》确定试验所用的钢筋尺寸，由单项拉伸试验测试标准试件钢筋的屈服强度和极限强度。材料力学性能试验表明，钢筋有明显弹性段和屈服段。钢筋采用Φ8、Φ12，每个钢筋测量三次后取平均值。钢材材料力学性能试验结果详见表 8-3。

钢筋力学性能　　　　　　　　　　　　　　　　　　　　　　表 8-3

钢筋种类	直径 (mm)	钢筋等级	屈服强度 (N/mm²)	极限强度 (N/mm²)	弹性模量 (N/mm²)
受拉钢筋	8	HPB300	222	287	3.05×10^5
受拉钢筋	12	HRB400	390	578	4.78×10^5

8.5.2　混凝土力学性能

　　根据《混凝土结构设计规范》GB 50010—2010 规定，剪力墙的混凝土强度等级不宜低于C20，同时结合实际工程实践经验，故本次试验试件选用混凝土强度等级为C25。由于试件混凝土分批浇筑，所以在每次浇筑时，都制作边长为 $100mm \times 100mm \times 100mm$ 的混凝土立方体试块，并与试件在同等条件下进行养护。试块为非标准试块，需将非标准试块实测值乘以换算系数 0.95，即 $f_{cu}=0.95f_c$，强度由混凝土立方体试块测得，混凝土抗压强度代表值确定：（1）当三个试块中强度最大值或强度最小值与中间值之差超过中间值的 15%，则取中间值作为该试件的强度代表值；（2）否则以三个试块强度的算术平均值作为每个试件的强度代表值。所以最后混凝土抗压强度取 26.8MPa。钢筋和混凝土的试验过程如图 8-12 所示。

图 8-12 钢筋和混凝土材料试验

8.5.3 灌浆料力学性能

本次试件制作的灌浆料采用高性能灌浆料，根据《钢筋连接用套筒灌浆料》JG/T 408—2013 进行流动度试验，满足初始流动度≥300mm，30min 流动度≥260mm 要求。根据《水泥胶砂强度检验方法》GB/T 17671—1999 进行灌浆料强度试验，试块尺寸为 40mm×40mm×160mm，每组试块为 3 个，保证预留棱柱体试块与试件在同等条件下进行养护。试验前进行测试，结果取三个试件结果的平均值，最后灌浆料的抗压强度取 82.4MPa。

8.6 试验现象

本次框架-剪力墙混凝土连梁试验共包含 11 个试件，包括单连梁和双连梁，分两部分进行试验现象的描述，描述中基本条件如下：

（1）定义 MTS 作动器推动试件的方向为正向，相反其拉的方向为反向；

（2）加载过程中试件的竖向为纵向，水平方向为横向。

每个试件的加载过程都经历弹性、塑性和破坏三个阶段，描述以上三个阶段为主。

8.6.1 单连梁的试验现象

本试验主要证明装配方式在混凝土单连梁中的可行性，各试件加载与破坏过程较一致，以下将 PC2 试验现象作详细描述。

荷载控制阶段，均以 15kN 的步长对各试件进行一次循环加载，前 3 次加载没有出现裂缝。当正向加载至 55kN 时，在连梁与下剪力墙交界处出现第一条剪切裂缝，且裂缝宽度较小。当反向加载至 45kN 时，分别在试件距底端 1/3、1/2、2/3 处各出现一条水平裂缝，最上端裂缝向连梁端部延伸。正向加载至 65kN 时，在连梁与上剪力墙连接处显现细微裂缝；反向加载至 60kN 时，灌浆区域开始出现一道小的剪切裂缝，荷载位移曲线出现拐点，肉眼判断此时试件屈服，屈服位移为 3.93mm。接下来进入位移控制加载阶段，位移步长为 Δ（$\Delta=2$mm），每个位移等级进行 2 次循环加载。试件屈服时裂缝分布如图 8-13（a）所示。

试件加载至 3Δ 时，连梁上没有出现新裂缝；当正向加载至 4Δ 时，连梁下端部显现 1 条竖向细裂缝；当反向加载至 4Δ 时，连梁底端与剪力墙交界处出现 2 条水平裂缝；当正向加载至 5Δ 时，连梁左上端与剪力墙连接处出现较多剪切斜裂缝，连梁左下部出现 1 条，此时裂缝宽度已达到 1mm；当反向加载至 6Δ 时，连梁上裂缝迅速增多，连梁右上端与剪力墙交接处水平裂缝向左延伸，裂缝宽度已达 4mm。当正向发展到 7Δ 时，连梁左右两侧面上混凝土略微鼓起，裂缝已开展明显，试件正向峰值荷载为 61.92kN，连梁上端水平位移 $D_2=15.12$mm；当反向加载至 7Δ 时，连梁上新的裂缝增多，旧裂缝急剧扩展至前后贯通，试件反向峰值荷载达到 70kN，连梁上端水平位移 $D_2=-15.85$mm，达到峰值荷载状态试件的裂缝分布如图 8-13（b）所示。当正向加载至 9Δ 时，原有裂缝宽度最大达到 5mm，试件承载力逐渐下降，混凝土出现脱落；当反向加载至 9Δ 时，与正向现象相同步；当正向加载至 10Δ 时，连梁上端与剪力墙连接处裂缝宽度急剧增大，试件承载力急剧下降，已有大量混凝土块掉落；当反向加载至 10Δ 时，连梁右侧混凝土掉落，钢筋屈服，试件承载力急剧下降，连梁上端部水平位移 $D_2=26.7$mm，试验结束，试件破坏状态裂缝分布如图 8-13（c）所示。根据裂缝发展情况判断装配式混凝土单连梁属于剪切破坏，破坏现象与现浇单连梁几乎相同，灌浆区域首先出现破坏，现浇式比装配式连梁的整体破坏严重。以上是试件 PC2 的试验现象。试件 CC1、PC11、CC3、PC4 的试验现象与试件 PC2 的试验现象有以下不同点：

（a）　　　　　　　　　　（b）　　　　　　　　　　（c）

图 8-13　PC2 裂缝分布情况

（a）屈服荷载；（b）峰值荷载；（c）试件破坏

（1）CC1 试件屈服位移约为 6mm，屈服荷载为 60kN。当试件位移加载至 32mm 时，试件宣布完全破坏，正向极限荷载为 70.29kN，反向极限荷载为 71.72kN。试件 CC1 各阶段裂缝分布如图 8-14 所示。PC11 试件屈服位移约 3.35mm，屈服荷载达到 60kN。当试件位移加载至 36mm 时，试件破坏，正向极限荷载为 64.29kN，反向极限荷载为 67.68kN。跨中装配区域并未发生明显破坏，破坏区域仍为连梁端。试件 PC11 裂缝分布如图 8-15 所示。

(a)　　　　　　　　　　(b)　　　　　　　　　　(c)

图 8-14　CC1 裂缝分布情况

(a) 屈服荷载；(b) 峰值荷载；(c) 试件破坏

(a)　　　　　　　　　　(b)　　　　　　　　　　(c)

图 8-15　PC11 的裂缝分布情况

(a) 屈服荷载；(b) 峰值荷载；(c) 试件破坏

（2）CC3 试件屈服位移约为 4mm，当正向、反向力加载至 45kN 时，试件出现第一条裂缝，60kN 时试件屈服。当试件位移加载至 36mm 时，试件仍没有达到破坏要求，继续加载直至完全破坏，极限拉荷载为 61.47kN，极限压荷载为 68.65kN。试件 CC3 各阶段裂缝分布如图 8-16 所示。

（3）PC4 试件屈服位移约为 4mm，当正向、反向力加载至 50kN 时，试件出现第一条裂缝，60kN 时试件屈服。当试件位移加载至 32mm 时，试件没有达到破坏要求，继续加载直至试件完全破坏，极限拉荷载为 59.17kN，极限压荷载为 59.55kN。试件 PC4 各阶段裂缝分布如图 8-17 所示。

(a)　　　　　　　　　　(b)　　　　　　　　　　(c)

图 8-16　CC3 的裂缝分布情况
(a) 屈服荷载；(b) 峰值荷载；(c) 试件破坏

(a)　　　　　　　　　　(b)　　　　　　　　　　(c)

图 8-17　PC4 的裂缝分布情况
(a) 屈服荷载；(b) 峰值荷载；(c) 试件破坏

8.6.2　双连梁的试验现象

　　混凝土双连梁共有 6 个试件，这里选用试验效果相对较理想的 PC6 试件进行试验现象描述如下：

　　荷载控制阶段，双连梁均以 25kN 的步长对试件进行一次循环加载，前 3 次加载没有裂缝出现。当正向、反向分别加载至 125kN 时，框架梁和下剪力墙面连接处都出现了第一条较细剪切裂缝。当正向加载至 150kN 时，在框架梁端部与上剪力墙、下剪力墙连接处各新出现 1 条细裂缝，连梁端部开始显现 1 条裂缝；反向加载至 150kN 时，框架梁上、下 1/3 处各出现 1 条斜裂缝，墙中连梁上、下端部各出现一条剪切裂缝。当正向加载至 175kN 时，框架梁下 1/3 处有 2 条新裂缝，其中 1 条与之前斜裂缝的方向相反，原有裂缝继续扩展延伸，两条裂缝有相交趋势。当反向加载至 175kN 时，连梁与下剪力墙交接处出现新细长裂缝 1 条，当正向加载至 200kN 时，框架梁和墙中连梁上原有裂缝均向墙内延伸，并各自有 1 条细小裂缝产生。当反向加载至 200kN 时，墙中连梁裂缝延长有新裂缝 1 条；当正向加载至 230kN 时，框架梁上出现 1 条较深且长的斜裂缝，连梁上端部右侧出现 1 条细裂缝，原有裂缝继续延伸、扩展。当反向加载至 225kN 时，框架梁新出现 3 条裂缝，试件屈服，接下来选择位移控制加载，位移步长为 Δ（Δ＝4mm），循环 2 次，屈服状态下试件裂缝分布如图 8-18（a）所示。

当正向加载至 1Δ 时，连梁没有新裂缝出现，框架梁先后新增了 5 条裂缝；当反向加载至 1Δ 时，框架梁上出现了 1 条剪切斜裂缝，由梁上部 1/3 向下部 1/3 处进行延伸，裂缝较细。当正向加载至 2Δ 时，框架梁上出现反向贯通剪切斜裂缝，两条斜裂缝相交；当反向加载至 2Δ 时，连梁上出现 1 条新的剪切裂缝，连梁上最大裂缝宽度是 1mm，框架梁下部的斜裂缝延伸扩展，此时与斜裂缝相交的箍筋屈服。当正向加载至 3Δ 时，框架梁下部混凝土出现脱落，墙中连梁上部出现 1 条斜裂缝，框架梁斜裂缝向剪力墙内发展，但多数在端部停止；当反向加载至 3Δ 时，框架梁上裂缝明显增多，最大裂缝宽度有 2mm。当正向加载到 4Δ 时，墙中连梁上混凝土有鼓起趋势，裂缝有明显的扩展趋势，试件正向峰值荷载达到 283.75kN，水平位移 D_2＝16.02mm；当反向加载至 4Δ 时，框架梁上裂缝急剧增多，裂缝宽度最大有 3mm，混凝土出现大量掉落，试件反向峰值达到 305.45kN，顶点水平位移为 D_2＝－17.52mm，峰值荷载状态试件裂缝分布如图 8-18（b）所示。当正向加载至 5Δ 时，框架梁上斜裂缝宽度最大达到 10mm，试件承载力下降到 173.08kN（峰值荷载的 61%）；当反向加载至 5Δ 时，试件承载力下降到 174.1kN（峰值荷载的 57%），顶点水平位移 D_2＝－32mm，试验结束，试件破坏状态下裂缝分布如图 8-18（c）所示。

试件 CC5、CC7、PC8、PC9、PC10 的主要试验现象如下：

（1）CC5 试件屈服荷载为 230kN，屈服位移约为 3mm。当正向加载至 6Δ 时，试件正向峰值荷载达到 259.82kN，梁端水平位移 D_2＝23.96mm；当反向加载至 6Δ 时，试件反向峰值荷载达到 260.78kN，梁端水平位移 D_2＝22.66mm。当反向加载至 8Δ，循环到第二圈时，承载力下降到 195.68 kN（峰值荷载的 75%），框架梁表面有大面积混凝土脱落，试件宣布破坏，试验结束。试件 CC5 各阶段裂缝分布如图 8-19 所示。

(a)　　　　　　　*(b)*　　　　　　　*(c)*

图 8-18　PC6 的裂缝分布情况
(a) 屈服荷载；*(b)* 峰值荷载；*(c)* 试件破坏

(a)	(b)	(c)

图 8-19 CC5 的裂缝分布情况

(a) 屈服荷载；(b) 峰值荷载；(c) 试件破坏

（2）CC7 试件屈服位移约为 4mm，屈服荷载为 250kN。当正向加载至 3Δ 时，试件正向峰值荷载达到 272.5kN，梁端位移达到 10.61mm；当反向加载至 2Δ 时，试件反向峰值荷载为 261.64kN，梁端位移达到 8.09mm，此时裂缝逐渐向剪力墙内扩展。当反向加载至 8Δ，循环到第二圈时，承载力下降为 150.79 kN（峰值荷载的 58%），框架梁发生大面积混凝土掉落，连梁梁端钢筋屈服，试件宣告破坏，试验结束。试件 CC7 各阶段裂缝分布如图 8-20 所示。

（3）PC8 试件屈服位移约为 3mm，屈服荷载为 230kN。当试件正向加载至 6Δ 时，达到峰值荷载 283.81kN，梁端位移达到 16.06mm；反向加载至 6Δ 时，达到反向峰值荷载 268.72kN，对应梁端位移达到 15.05mm。当试件正向加载至 8Δ 第二圈时，承载力下降为 140.3 kN（峰值荷载的 61%），试验结束。试件 PC8 各阶段裂缝分布如图 8-21 所示。

(a)	(b)	(c)

图 8-20 CC7 的裂缝分布情况

(a) 屈服荷载；(b) 峰值荷载；(c) 试件破坏

(a)　　　　　　　　　　(b)　　　　　　　　　　(c)

图 8-21　PC8 的裂缝分布情况
(a) 屈服荷载；(b) 峰值荷载；(c) 试件破坏

（4）PC9 试件屈服荷载为 240kN，对应位移约为 4mm。当正向加载至 5Δ 时，试件正向峰值荷载为 265.75kN，梁端水平位移 D_2＝17.31mm，当反向加载至 5Δ 时，试件反向峰值荷载为 271.58kN，梁端水平位移 D_2＝18.63mm。当反向加载至 7Δ 时，试件承载力下降到 188.68kN（峰值荷载的 69%），梁端水平位移 D_2＝28.24mm。此时框架梁的破坏严重，混凝土呈块状掉落，连梁端部混凝土陆续掉落，钢筋显露，试件宣告破坏，试验结束。试件 PC9 各阶段裂缝分布如图 8-22 所示。

(a)　　　　　　　　　　(b)　　　　　　　　　　(c)

图 8-22　PC9 的裂缝分布情况
(a) 屈服荷载；(b) 峰值荷载；(c) 试件破坏

（5）PC10 正向加载到 200kN 时试件达到屈服，对应位移约为 2mm。反向加载到 225kN 时试件达到屈服，屈服位移约为 4mm。当正向加载至 2Δ 时，试件正向峰值荷载达到 216.01kN，梁端位移为 7.84mm，当反向加载至 6Δ 时，荷载反向峰值荷载达到 256.74 kN，梁端位移为 23.44mm。当正向加载至 8Δ 时，试件承载力下降为 123.96kN（峰值荷载的 57%），梁端水平位移 D_2＝33.14mm，试验结束。试件 PC10 各阶段裂缝分布如图 8-23 所示。

(a)　　　　　　　(b)　　　　　　　(c)

图 8-23　PC10 的裂缝分布情况

(a) 屈服荷载；(b) 峰值荷载；(c) 试件破坏

本章参考文献

[1]　Chen JinXuan，LiuYanwei，Yang Jurui and Xiao Xia. The seismic performance analysis for the ceramsite concrete frame-shear wall structure [C]. Advanced materials research，2014，919-921：981-988.

[2]　Li Ming，Chen Jiguang and Zhao Weijian. Research Progress on Coupling Beam [C]. ICDMA，2013：1156-1159.

[3]　陈吉光. 并联不等宽双连梁力学性能研究 [D]. 沈阳：沈阳建筑大学，2014.

[4]　中华人民共和国国家标准. 混凝土结构设计规范 GB 50010—2010 [S]. 北京：中国建筑工业出版社，2010.

[5]　中华人民共和国行业标准. 高层建筑混凝土结构技术规程 JGJ 3—2010 [S]. 北京：中国建筑工业出版社，2010.

[6]　中华人民共和国国家标准. 金属材料室温拉伸试验方法 GB/T 228—2002 [S]. 北京：中国标准出版社，2002.

[7]　中华人民共和国国家标准. 普通混凝土力学性能试验方法标准 GB/T 50081—2002 [S]. 北京：中国建筑工业出版社，2002.

[8]　中华人民共和国行业标准. 钢筋连接用套筒灌浆料 JG/T 408—2013 [S]. 北京：中国标准出版社，2013.

[9]　中华人民共和国国家标准. 水泥胶砂强度检验方法 GB/T 17671—1999 [S]. 北京：中国标准出版社，1999.

[10]　中华人民共和国行业标准. 建筑抗震试验规程 JGJ/T 101—2015 [S]. 北京：中国建筑工业出版社，1997.

[11]　廉福炎. 考虑连梁刚度退化的框剪结构设计 [J]. 规划与设计中华民居，2012.

第9章　装配连梁的试验结果分析

9.1　引　言

为了深入研究装配式框架-剪力墙混凝土连梁承载力及抗震性能，本章将对试验所得数据进行具体分析，包括：单连梁和双连梁（共11个）试件的承载能力、变形特点、延性和耗能能力等，深入分析连梁内各钢筋应变状态，并对现浇与装配试件的力学性能进行对比分析，判断装配方式是否可行。最后分析各影响因素对连梁性能的影响情况。

9.2　单连梁试验结果分析

9.2.1　承载力分析

这里主要取各试件的屈服荷载、最大荷载和极限荷载进行对比分析。用"通用屈服弯矩法"测定试件屈服点，从而得到试件的屈服荷载与相应的屈服位移，测定方法如图9-1所示。最大荷载由试验数据中取得，极限荷载则为最大荷载的85%。各试件参数见表9-1。由表9-1可以看出，在不考虑扩展区域情况下，现浇试件（CC1）承载力略高于装配试件（PC2），但相互差距小于14%；考虑扩展区域时，现浇试件（CC3）的极限荷载、破坏荷载略高于装配试件（PC4）的，而屈服荷载却远不如PC4试件高，说明装配试件在承载力上可以满足要求。装配位置不同的PC4与PC11比较，两者承载力相差很小，说明装配位置对结构的承载力影响不大，两种装配方式在承载力上均能满足要求。

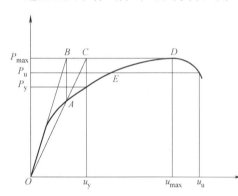

图9-1　屈服点确定方法

单连梁各状态的荷载和位移　　　　　　　　　表9-1

试件编号	屈服状态		最大状态		极限状态	
	荷载（kN）	位移（mm）	荷载（kN）	位移（mm）	荷载（kN）	位移（mm）
CC1	59.21	3.60	70.29	20.05	61.51	22.39
PC2	55.95	2.12	61.92	15.77	52.63	18.12
CC3	55.26	2.16	61.47	14.34	52.25	17.65
PC4	61.66	2.26	59.17	18.15	50.29	20.14
PC11	57.35	2.15	64.29	13.62	54.65	16.78

9.2.2 滞回曲线

滞回曲线又称作恢复力曲线，是结构或构件在往复荷载或往复位移作用下，加载点的荷载和位移结合形成的曲线。它能够反映结构在循环受力过程的变形特点、耗能能力、刚度退化等特性，是确定恢复力模型和进行非线性地震反应分析的主要依据。试验中计算机形成的单连梁的滞回曲线如图 9-2 所示。其中位移取 2 号位移计与 6 号位移计记录值之差，荷载取计算机记录的 MTS 施加的荷载值。

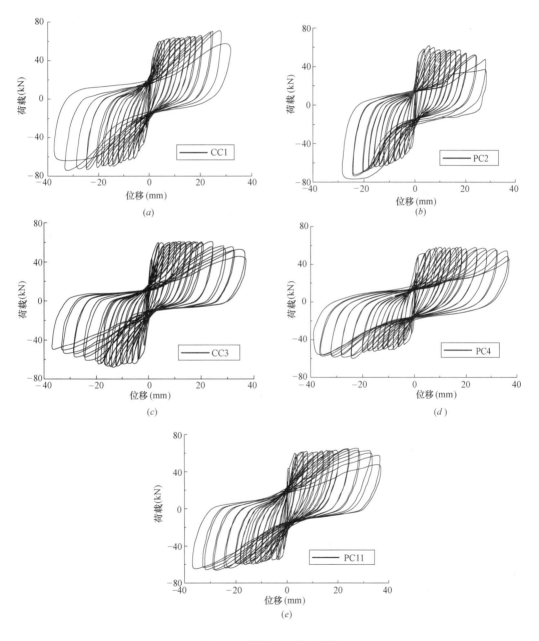

图 9-2 单连梁的滞回曲线

9.2.3 骨架曲线

在低周往复荷载作用下，试件荷载-位移曲线的各加载级第一循环的峰点所组成的包络线即为骨架曲线。试验所得各试件的骨架曲线如图9-3所示。

由骨架曲线对比图看出，各试件的骨架曲线大体包括四个阶段：弹性阶段、屈服阶段、强化阶段和破坏阶段。从CC1与PC2拉方向骨架曲线对比和CC3与PC4骨架曲线推方向对比看，装配试件与现浇试件的承载力及屈服强度相差很小，延性也相近，装配试件的承载力略高，这是由于装配件的装配区灌浆料相比混凝土来说强度较高，而且等效钢筋只是在装配区那一块比较薄弱，而装配区相对来说比较小的缘故。分别从CC1、CC3与PC2、PC4的骨架曲线对比图看，无论是现浇件还是装配件，不考虑扩展区域的连梁承载力、延性、屈服强度都较高，特别是装配件，比较明显，但二者均相差不大，是因为连梁的受力钢筋面积相等，钢筋的屈服强度相同，又因为二者皆为装配试件，灌浆区域、灌浆料强度都一致。从装配位置上分析，由PC2、PC11骨架曲线对比图可知，连梁跨中装配法与梁端装配法相比，延性相同，承载力、屈服强度、屈服位移均略高，但相差很小，影响力很小。

从上述分析得出，装配式单连梁与现浇单连梁最大承载力、延性相当，耗能能力比较好，由此说明，此种装配方法在单连梁中可行。

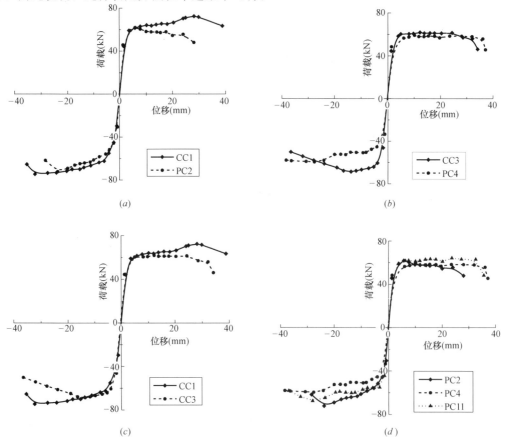

图9-3 单连梁的骨架曲线

9.2.4 刚度分析

在反复荷载作用下，结构的刚度随着加载位移幅值和循环次数增大而降低的特性，称为刚度退化。单连梁刚度计算如图 9-4 所示。通过计算得到的各单连梁试件在不同加载周数下的刚度变化对比图如图 9-5 所示，纵坐标 K_i 是刚度退化系数，横坐标是位移（2 号与 6 号位移差值）。

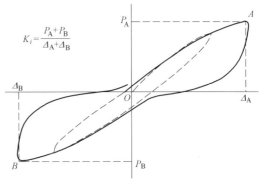

$$K_i = \frac{P_A + P_B}{\Delta_A + \Delta_B}$$

图 9-4　刚度计算方法

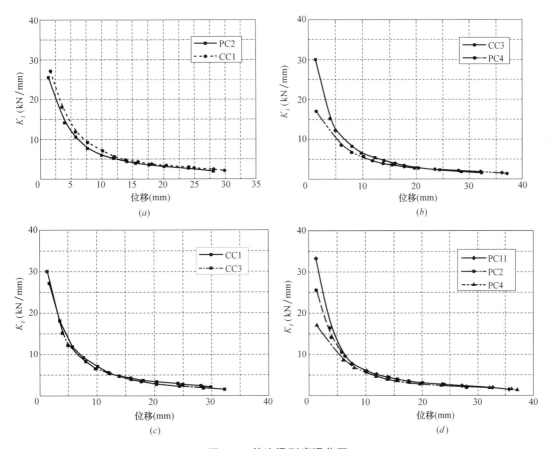

(a)

(b)

(c)

(d)

图 9-5　单连梁刚度退化图

由图 9-5 可以看出：图 9-5（a）为不考虑扩展区域的 CC1 与 PC2 刚度退化对比，现浇件 CC1 初始退化刚度与装配件 PC2 相差无几，其退化趋势以及延性也几近相同。图 9-5（b）为考虑扩展区域的 CC3 与 PC4 刚度退化对比，现浇件 CC3 的初始退化刚度高于装配件 PC4 的，但延性不如装配件好，二者退化趋势一致，以上两点可说明装配式连梁不会降低连梁刚度，反而能增加其延性。图 9-5（c）为考虑与不考虑扩展区域的现浇件刚度退化对比图，考虑扩展区域的试件 CC3 初始刚度略高于不考虑扩展区域的，延性也较好。

图 9-5（d）为是否考虑扩展区域的 PC2、PC4 试件刚度退化对比和装配位置不同的 PC2、PC11 试件刚度退化对比，其中，连梁框中装配的 PC11 试件初始刚度最高、延性最好，考虑扩展区域的 PC4 试件初始刚度最低，但延性较好，三者后期走势趋于一致，说明连梁跨中装配比梁端装配更能提高试件的刚度，但影响并不大，而不考虑扩展区域更有利于建筑结构设计。

9.2.5　延性分析

由抗震结构设计规范可知，结构抗震性的优劣取决于震害过程中其吸收和消耗地震能量的多少，在数值上它等于结构反力和变形大小乘积，因此结构抗震性的好坏由结构的承载力和结构震害中的变形能力两者共同决定的，所以结构的延性越大，说明结构耗能能力越强、结构变形性能越好，从而使结构具备良好的抗震性。采用评价结构延性优越性最常用的位移延性系数，表达式见式（9-1）：

$$u = \frac{u_u}{u_y} \tag{9-1}$$

式中　　u——位移延性系数；

u_u——试件最大承载力下降到 85% 时所对应的位移，即极限位移；

u_y——试件屈服时对应的位移，即屈服位移。

计算得到的各单连梁的位移延性系数值见表 9-2。表中 5 个试件延性系数均大于 3，说明所有试件延性均较好。由表 9-2 结果得出结论：装配式单连梁 PC2、PC4 的延性系数均高于相应现浇单连梁 CC1、CC3 的，说明装配式能有效提高单连梁的塑性变形能力，装配方法在单连梁中满足延性要求。装配位置不同的 PC2、PC11 延性对比，二者屈服位移和延性系数几乎相同，跨中装配试件延性略高。考虑扩展区域的 CC3、PC4 试件延性系数均高于相应不考虑扩展区域的 CC1、PC2 试件的，说明考虑扩展区域可以提高混凝土单连梁的延性。

单连梁的延性系数 表 9-2

试件编号	屈服位移(mm)	极限位移(mm)	延性系数
CC1	3.60	22.39	6.23
PC2	2.12	14.12	6.67
CC3	2.16	16.65	7.71
PC4	2.26	18.14	8.03
PC11	2.15	14.78	6.89

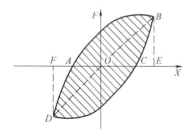

图 9-6　滞回环示意图

9.2.6　耗能能力分析

滞回曲线中每级加载所形成封闭滞回环的面积大小，可以用来判断结构的耗能性能，滞回环的的面积越大，说明试件加载中吸收的能量越多，反之越少。耗能能力是研究结构抗震性能的一个重要指标，计算示意图如图 9-6 所示，能量耗散系求法见式（9-2），等效阻尼黏滞系数求法见式（9-3），通常用以上两个系数进行分析试件的耗能能力。取各试件的滞回曲线中相同加载等级下对应的滞回环计算以上参数，得到的计算结果见表9-3。

$$E_c = S_{ABCD} / (S_{OFD} + S_{OEB}) \qquad (9-2)$$

$$h_e = E_c / 2\pi \qquad (9-3)$$

单连梁耗能计算表 　　　　　　　　　　　　　　表 9-3

试件编号	等效阻尼系数	能量耗散系数
CC1	0.100	0.631
PC2	0.098	0.614
CC3	0.096	0.603
PC4	0.096	0.604
PC11	0.114	0.717

由表9-3得出结论：各个试件的等效阻尼黏滞系数在0.1左右，能量耗散系数都在0.6左右，说明各试件耗能能力相当，而装配试件无论在滞回环饱满程度或是耗能系数方面，都能略高一筹，以PC11试件表现最为明显，说明两种装配方法均可行，且跨中装配式对连梁的抗震性能更有效。

9.3 双连梁试验结果分析

9.3.1 承载力分析

根据"通用屈服弯矩法"测定试件的屈服点，测定方法如9.1.1节，各试件数据详见表9-4。

由表9-4可以看出，在不考虑扩展区域情况下，装配试件（PC6）较现浇试件（CC5）承载力略高，屈服位移较低，延性较好，是因为装配区域等效钢筋以及灌浆料强度高；考虑扩展区域时，现浇试件（CC7）的屈服荷载高于装配试件（PC8），二者极限荷载及延性相差不大，说明装配方式在承载力上可以满足要求。PC6与PC9比较，PC9试件框架梁与墙中连梁刚度相对值减小，承载力变化不大，延性明显变差，不利于结构使用。PC6与PC10比较，PC10试件跨度增大，线刚度减小，承载力相对于PC6减小很多，而试件延性有所提高，说明跨度增大，结构承载力降低，塑性变形能力变好，实际结构中，跨度要适中选择。

双连梁在各状态的荷载和位移 　　　　　　　　表 9-4

试件编号	屈服状态		最大状态		极限状态	
	荷载（kN）	位移（mm）	荷载（kN）	位移（mm）	荷载（kN）	位移（mm）
CC5	244.8	4.18	259.8	23.96	220.8	24.56
PC6	251.0	2.78	275.2	12.43	233.9	20.71
CC7	243.6	3.09	272.5	10.61	231.6	18.92
PC8	232.5	4.01	281.5	16.32	239.3	21.69
PC9	233.9	2.57	267.3	16.07	227.2	16.21
PC10	201.4	3.06	216.0	7.84	183.6	24.45

9.3.2　滞回曲线

双连梁各试件在低周往复荷载作用下的荷载-位移曲线如图 9-7 所示。滞回曲线位移取 2 号位移计与 6 号位移计记录的位移值之差，力取计算机记录的 MTS 机数据值。

从图 9-7 中可以看出，CC5、PC6、CC7、PC8 试件的滞回曲线形状总体比较接近，随位移的增加，PC6 试件滞回环捏缩较明显，刚度退化较快，表现为滞回环的斜率降低略大；CC7 刚度退化速率快，极限位移小，延性较差，原因在于不考虑扩展区域的试件下部端块的约束作用使连梁的受力变形减缓。由此说明，装配式较现浇双连梁的耗能能力比较好、延性好，考虑扩展区域的装配连梁较不考虑扩展区域的装配连梁耗能差，延性差。

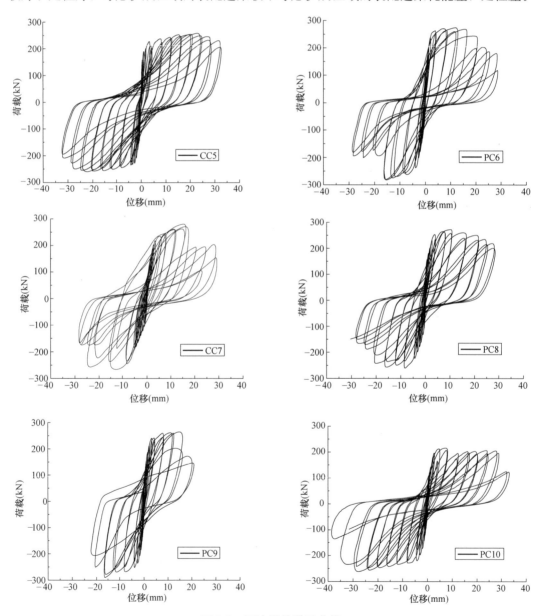

图 9-7　双连梁的滞回曲线

　　PC10 承载力明显降低，滞回环捏缩严重，塑性变形能力增大。PC9 试件框架梁与连梁刚度相对值大于 PC6 试件的，试验结果：PC9 承载力略低于 PC6，延性明显降低，说明框架梁与连梁的刚度相对值越大，试件越容易发生脆性破坏。

9.3.3　骨架曲线

　　双连梁各试件骨架曲线对比如图 9-8 所示。

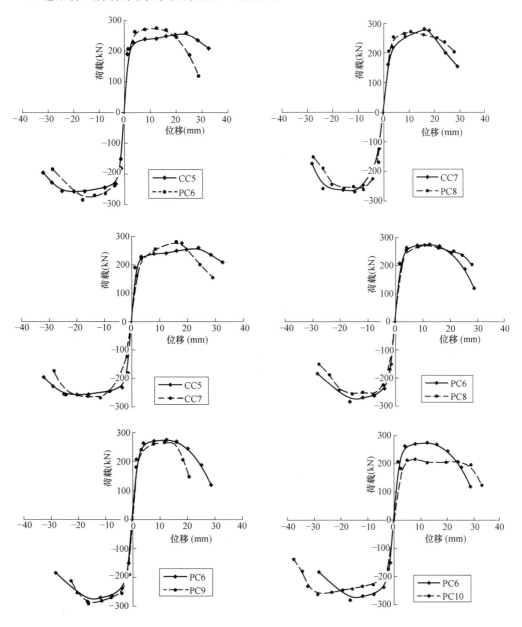

图 9-8　双连梁的骨架曲线

　　由 CC5 与 PC6 骨架曲线对比图和 CC7 与 PC8 骨架曲线对比图可以看出，不考虑扩展区域的装配试件 PC6 的承载力及屈服强度高于现浇试件 CC5 的，延性相近，这是由于装配件的装配区灌浆料相比混凝土来说强度较高，而且等效钢筋只是在装配区那一块比较薄弱，而装配区相对来说比较小的缘故；考虑扩展区域的装配试件 PC8 与现浇试件 CC7 承载能力、屈服强度以及延性均相当。分别从 CC5、CC7 与 PC6、PC8 的骨架曲线对比图看，现浇件中考虑扩展区域的 CC7 试件承载力高于不考虑扩展区域的 CC5 试件，延性较低，结果较明显；装配件中考虑扩展区域的 PC8 试件与不考虑扩展区域的 PC6 试件在承载力上相差不大，推方向延性偏低，结果不明显，因为二者皆为装配试件，连梁的受力钢筋面积相等，钢筋的屈服强度相同，灌浆区域、灌浆料强度都一致。

其他影响因素分析，试件 PC9 代表其他条件不变下墙中连梁高度减小，跨高比增大，连梁刚度减小，框架梁与连梁的刚度相对值增大；试件 PC10 代表其他条件不变下框架梁与连梁跨度同步增大，跨高比都增大。由 PC6 与 PC9 骨架曲线对比图可知：PC9 试件承载力略低于 PC6 试件，而延性明显较差；由 PC6 与 PC10 骨架曲线对比图可知，PC10 试件承载力明显低于 PC6 试件，而延性较好。说明随着试件框架梁与连梁跨度的增大，试件的承载力减小，而塑性变形能力较好，因为框架梁作用加大。

从上述分析可以看出，装配式双连梁与现浇双连梁最大承载力、延性相当，耗能能力比较好，由此说明，此种装配方法在双连梁中亦可行。影响因素分析，框架梁与连梁刚度相对值过大易使试件发生脆性破坏，梁的跨度过大也会降低构件的承载能力。

9.3.4　刚度分析

刚度计算方式同 9.1.4 节的单连梁刚度分析，计算得出各个双连梁试件刚度变化如图 9-9 所示，纵坐标 K_i 是刚度退化系数，横坐标是位移（2 号与 6 号位移差值）。

从图 9-9 可以看出：各试件的初始刚度存在不同，不考虑扩展区域的 CC5 与 PC6 刚度退化对比，现浇件 CC5 初始退化刚度与装配件 PC6 相差无几，PC6 刚度退化速率较慢，二者延性一致；考虑扩展区域的 CC7 与 PC8 刚度退化对比，现浇件 CC7 的初始退化刚度略高于装配件 PC8 的，PC8 刚度退化速率较慢，二者延性一致。以上两点可以说明装配式连梁的刚度退化速率慢，延性与现浇件相同，装配方法可行。是否考虑扩展区域的现浇件 CC5、CC7，装配件 PC6、PC8 刚度退化对比图中，不考虑扩展区域的构件初始刚度更大，刚度退化速率较慢，有利于结构应用。试件 PC9 较 PC6 初始刚度高，刚度退化速率快，塑性不好。试件 PC10 比试件 PC6 初始刚度低，承载力小，刚度退化速率不快，延性较好，说明增大的梁跨度有利于试件塑性发展，但降低了构件承载力，所以设计时需适当。

9.3.5　延性分析

双连梁试件延性系数计算方法同 9.1.5 节单连梁延性分析，具体计算结果详见表 9-5。通过对比几个试件可以发现：装配式双连梁 PC6 的延性系数高于相应现浇 CC5 的，PC8 延性系数低于 CC7 的，但相差不大，说明装配式双连梁的塑性变形能力可行。考虑扩展区域的现浇件 CC7 延性系数高于相应不考虑扩展区域的现浇件 CC5，装配件 PC8 的延性系数则低于 PC6 试件的。因为，PC8 由于 MTS 机故障，导致试件屈服过晚，以上分析表明考虑扩展区域能提高单连梁的塑性变形能力。框架梁与连梁刚度相对值增大的 PC9 试

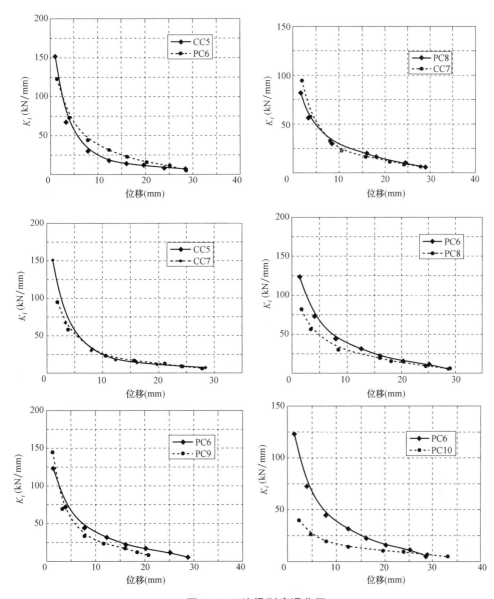

图 9-9 双连梁刚度退化图

件，延性系数明显低于 PC6 试件的。说明增大框架梁与连梁刚度相对值不利于构件的塑性。

双连梁的延性系数 表 9-5

试件编号	屈服位移(mm)	极限位移(mm)	延性系数
CC5	4.18	24.56	5.876
PC6	2.78	20.71	7.453
CC7	3.09	18.92	6.121
PC8	4.01	21.69	5.407
PC9	2.57	16.21	6.315
PC10	3.06	24.45	7.996

9.3.6　耗能能力分析

双连梁各耗能系数计算方法同 9.1.6 节单连梁计算过程，计算结果见表 9-6。从表 9-6 看出，各双连梁试件的等效阻尼黏滞系数均在 0.1 左右，能量耗散系数在 0.6 左右，现浇试件能量耗散系数较高于装配试件，说明滞回环较饱满，耗能好，抗震性能好；装配试件耗能能力虽低于现浇试件的，但相差不大，说明装配方式在双连梁还是可行的。相比较 PC9 与 PC6，PC9 试件耗能能力明显高于 PC6 试件，说明增大框架梁与连梁的相对刚度值能够提高连梁的耗能能力，从而提高其抗震性能。

双连梁耗能计算表　　　　　　　　　　　　　　　　　表 9-6

试件编号	等效阻尼系数	能量耗散系数
CC5	0.109	0.686
PC6	0.067	0.422
CC7	0.104	0.655
PC8	0.084	0.527
PC9	0.090	0.564
PC10	0.084	0.530

9.4　钢筋应变分析

9.4.1　单连梁钢筋应变分析

根据钢筋拉拔实验测得连梁受力筋屈服应变为 815.9×10^{-6}。图 9-10 给出实测的 5 个单连梁中 3 个试件中梁纵筋应变在不同荷载时的变化情况。现浇件以梁内纵筋为主，装配件以等效钢筋为主。曲线中应变正值为受拉，负值为受压。

由图 9-10 可以看出，CC1、PC2 试件屈服时钢筋应变已达到屈服，CC1 早于 PC2，PC11 试件钢筋应变未达到屈服，原因是 PC11 试件为装配在连梁跨中，等效钢筋位于跨中，而连梁主要在梁端破坏，跨中弯矩接近于零，等效钢筋应变不屈服。CC1 试件在荷载较小时，连梁钢筋应变图是反对称的，一端受拉，另一端受压；PC2 相比较于 CC1 屈服应变较大，滞回环较窄，二者屈服后钢筋都留有残余应变；PC11 试件基本以受压为主。

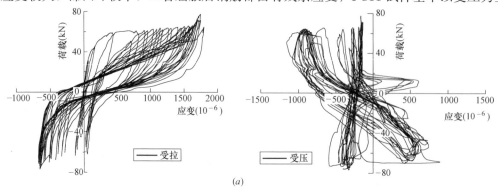

(a)

图 9-10　单连梁受力钢筋应变分析图（一）

(a) CC1 试件

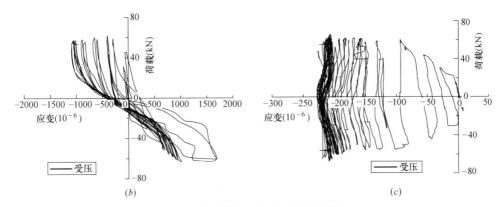

图 9-10 单连梁受力钢筋应变分析图（二）

(*b*) PC2 试件；(*c*) PC11 试件

9.4.2 双连梁钢筋应变分析

（1）框架梁受力筋应变分析

图 9-11 给出实测的 6 个双连梁试件中 4 个试件框架梁纵筋应变在不同荷载时的变化情况。曲线中应变正值为受拉，负值为受压。

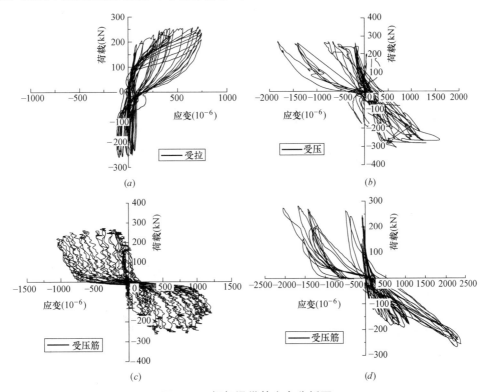

图 9-11 框架梁纵筋应变分析图

(*a*) CC5 试件；(*b*) PC6 试件；(*c*) CC7 试件；(*d*) PC8 试件

由图 9-11 图可以看出，CC5 与 PC6 荷载-应变曲线相比较，在试件屈服时 CC5 钢筋以受拉为主应变未达到屈服，PC6 试件在荷载较小时，连梁纵筋应变分析图是基本反对称的，一端受拉，另一端受压，钢筋应变在试件屈服时已达到屈服；CC7 与 PC8 相比较时，CC7 试件钢筋屈服较慢，在试件达到最大荷载之后，PC8 钢筋应变屈服较早。

（2）墙中连梁受力筋应变分析

图 9-12 给出实测的 6 个双连梁试件中梁纵筋应变在不同荷载时的变化情况。现浇件以连梁内的纵筋为主，装配件以等效钢筋为主。

由图 9-12 可以看出，在荷载较小时，连梁纵筋应变图呈反对称，一端受拉，另一端受压，跨中部位附近应变为零；试件屈服荷载时，CC5 与 PC6 试件相比较，CC5 试件钢筋应变达到屈服，PC6 未达到；同样 CC7 与 PC8 相比较，CC7 试件钢筋应变达到屈服而 PC8 未达到屈服；说明装配式连梁中等效钢筋起到了提高钢筋拉压应变的作用，装配方式可行。

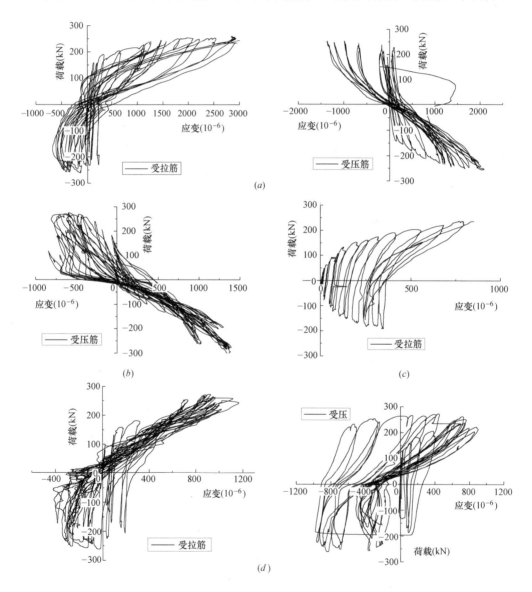

图 9-12　双连梁纵筋应变分析图

(a) CC5 试件；(b) PC6 试件；(c) PC8 试件；(d) CC7 试件

第10章 连梁的抗弯、抗剪简化计算式建立

10.1 引 言

有限元模拟虽然可以较好的模拟并联不等宽双连梁在低周往复荷载作用下的受力过程，但这种方法在建模计算中，需要计算人员有较高的计算水平，同时这种方法也需要较长的时间才能实现，不利于工程应用。为此，本章将通过回归分析，建立并联不等宽双连梁的抗弯承载力、抗剪承载力简化计算式，以便于实际工程应用参考。

10.2 装配式双连梁弯矩-转角关系曲线分析

影响并联不等宽装配双连梁弯矩-曲率（M-θ）关系曲线，即弯矩-转角（M-θ）滞回曲线骨架曲线的因素包括：框架梁跨高比 α、连梁跨高比 β、框架梁厚度 d、混凝土强度 γ、钢筋面积比 s 等。为回归考虑这些因素影响的抗弯承载力、极限抗弯承载力、初始刚度简化计算式，将计算得到的弯矩-转角骨架曲线及初始刚度绘于图 10-1～图 10-10。

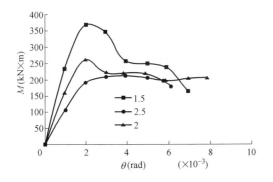

图 10-1 框架连梁跨高比对抗弯承载力的影响

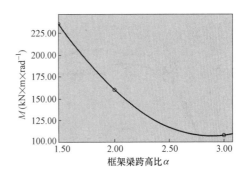

图 10-2 框架连梁跨高比对初始刚度影响

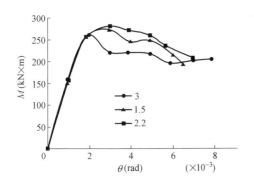

图 10-3 墙中连梁跨高比对抗弯承载力的影响

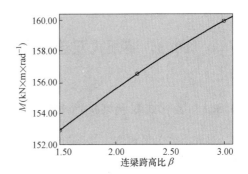

图 10-4 墙中连梁跨高比对初始刚度的影响

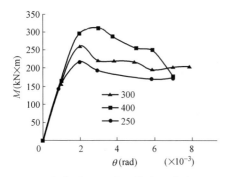

图 10-5　框架连梁厚度对抗弯承载力的影响

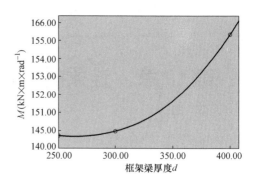

图 10-6　框架连梁厚度对初始刚度的影响

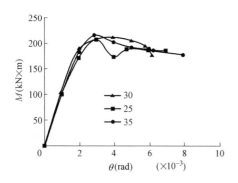

图 10-7　混凝土强度对抗弯承载力的影响

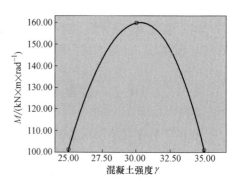

图 10-8　混凝土强度对初始刚度的影响

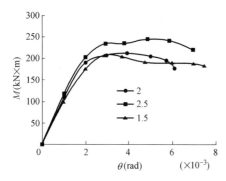

图 10-9　钢筋面积比对抗弯承载力的影响

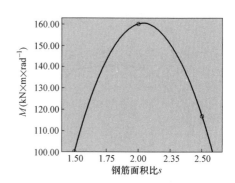

图 10-10　钢筋面积比对初始刚度的影响

10.3　装配式双连梁抗弯承载力简化计算式回归与验证

10.3.1　装配式双连梁抗弯承载力简化计算式

通过上述分析可知，影响并联不等宽装配式双连梁抗弯承载力主要因素包括框架梁跨高比、连梁跨高比、框架梁厚度、混凝土强度、钢筋面积比等。参考国内外的相关资料，提出双连梁抗弯简化计算式（10-1）：

$$M_y = R \times M_\alpha \times M_\beta \times M_d \times M_\gamma \times M_s \tag{10-1}$$

式中

R——承载力影响系数，需要回归求得；

M_y——抗弯承载力；

M_α、M_β、M_d、M_γ、M_s——为 M_y 与框架连梁跨高比、墙中连梁连梁跨高比、框架连梁厚度、混凝土强度、两梁的钢筋面积比的函数关系。

该种函数关系可以通过回归分析确定，最终确定的 M_α、M_β、M_d、M_γ、M_s 简化计算式如下：

$$M_\alpha = 116.542 x_\alpha^2 - 621.817 x_\alpha + 1037.373$$

$$M_\beta = -6.912 x_\beta^3 + 22.338 x_\beta^2 + 245.479$$

$$M_d = -2.488 \times 10^{-6} x_d^3 + 1.428 x_d^2 - 101.380$$

$$M_\gamma = 188.676 + 0.75 x_\gamma$$

$$M_s = -156.548 x_s^2 + 652.930 x_s - 419.761$$

为了回归承载力影响系数 R，首先计算了 $M_\alpha \times M_\beta \times M_d \times M_\gamma \times M_s$ 的值，令 $X = M_\alpha \times M_\beta \times M_d \times M_\gamma \times M_s$，则抗弯承载力与 X 的关系如图 10-2 所示，回归抗弯承载力 M 与 X 的关系：

$$M_y = RX - 1.302^{-10}$$

整理上述关系式，可得抗弯承载力简化计算式（10-2）：

$$M_y = 2.191 \times 10^{-10} (116.54 x_\alpha^2 - 621.82 x_\alpha + 1037.37)(245.48 + 22.34 x_\beta^2 - 6.91 x_\beta^3)$$
$$(1.43 x_d - 101.38 - 2.49 \times 10^{-6} x_d^3)(188.68 + 0.75 x_\gamma)(652.93 x_s - 419.76 -$$
$$156.55 x_s^2) - 1.302 \times 10^{-10} \tag{10-2}$$

根据弯矩和剪力之间的关系可得抗剪承载力简化计算式（10-3）：

$$V = 3.65 \times 10^{-10} (116.54 x_\alpha^2 - 621.82 x_\alpha + 1037.37)(245.48 + 22.34 x_\beta^2 - 6.91 x_\beta^3)$$
$$(1.43 x_d - 101.38 - 2.49 \times 10^{-6} x_d^3)(188.68 + 0.75 x_\gamma)(652.93 x_s - 419.76 -$$
$$156.55 x_s^2) - 2.17 \times 10^{-10} \tag{10-3}$$

式中　M_y——抗弯承载力（kN·m）；

V——抗剪承载力（kN）；

x_α——框架连梁跨高比；

x_β——墙中连梁跨高比；

x_d——框架连梁厚度（mm）；

x_γ——混凝土强度；

x_s——钢筋面积比。

需要说明的是，本简化计算式适用于连梁两端部与剪力墙连接、混凝土强度在 C25~C35 之间、框架连梁跨高比在 1.5~2.5 之间、墙中连梁跨高比在 1.5~3 之间、框架连梁厚度在 250~400 之间、两梁钢筋面积比在 1.5~2.5 之间的采用等带钢筋的装配式双连梁抗弯承载力和抗剪承载力的简化计算。

10.3.2　装配式双连梁极限抗弯承载力简化计算式

利用 10.2.1 节方法，可得出双连梁的极限抗弯承载力的简化计算式（10-4）：

$$M_u=4.20\times10^{-10}(99.06x_\alpha^2-528.54x_\alpha+881.77)(208.66+18.99x_\beta^2-5.88x_\beta^3)$$
$$(1.84x_d-0.002x_d^2-149.62)(160.37+0.64x_\gamma)(554.99x_s-133.07x_s^2-$$
$$356.80) \tag{10-4}$$

式中　M_u——抗弯承载力（kN·m）；

　　　x_α——框架连梁跨高比；

　　　x_β——墙中连梁跨高比，

　　　x_d——框架连梁厚度（mm）；

　　　x_γ——混凝土强度；

　　　x_s——钢筋面积比。适用范围同式（10-2）。

10.3.3　装配式双连梁初始刚度简化计算式

利用 10.2.1 节方法，可得出装配式双连梁的初始刚度的简化计算式（10-5）：
$$K_0=1.528^{-9}(49.70x_\alpha^2-327.49x_\alpha+616.13)(144.04+6.13x_\beta)$$
$$(165.33+5.98\times10^{-7}x_d^3)(2.4x_\gamma^2-0.05x_\gamma^3-573.17)(837.9x_s$$
$$-694.75-205.28x_s^2)-0.02 \tag{10-5}$$

式中　K_u——抗弯承载力（kN·m）；

　　　x_α——框架连梁跨高比；

　　　x_β——墙中连梁跨高比；

　　　x_d——框架连梁厚度（mm）；

　　　x_γ——混凝土强度；

　　　x_s——钢筋面积比。适用范围同式（10-20）。

10.3.4　装配式双连梁简化计算式的验证

为了验证简化计算式的有效性，随机设计了 3 个并联不等宽装配式双连梁。其中，梁长是 1200mm，两梁间距是 100mm，其他参数见表 10-1。利用上述拟合式计算了这 3 个试件的抗弯承载力、极限抗弯承载力和初始刚度，并同有限元模拟计算结果进行了对比，并计算二者之间的误差，结果分别列于表 10-2～表 10-4。从三个表中可以看出，简化计算结果与有限元计算结果吻合较好，误差在 5% 以内，由此说明提出的并联不等宽现浇双连梁的抗弯承载力、极限抗弯承载力、初始刚度的简化式有较好的准确性。

验证试件的参数　　　　　　　　　　　　　　　　　表 10-1

试件参数	框架连梁厚度（mm）	混凝土强度（MPa）	框架连梁跨高比	墙中跨高比	钢筋面积比
YZ-1	350	30	2	3	2
YZ-2	350	30	2	2.5	2
YZ-3	350	30	1.75	2	2

抗弯承载力与模拟结果对比　　　　　　　　　　　　表 10-2

试件参数	计算结果	模拟结果	误差
YZ-1	292	289	1%
YZ-2	311	315	1.3%
YZ-3	369	362	2%

极限抗弯承载力与模拟结果对比 表 10-3

试件参数	计算结果	模拟结果	相对误差
YZ-1	249	255	2.4%
YZ-2	265	259	2.4%
YZ-3	315	318	1%

初始刚度与模拟结果对比 表 10-4

试件参数	计算结果	模拟结果	相对误差
YZ-1	161.51	158.5	2%
YZ-2	160.93	164.3	2.1%
YZ-3	156.96	162.9	3.1%